Richard Mervyn Hare
THE LANGUAGE OF MORALS
Published by Oxford University Press,
Amen House, London, 1964
中译本根据牛津大学出版社 1964 年版译出

汉译世界学术名著丛书
（120 年纪念版·珍藏本）
增订本出版说明

2017 年 10 月，为纪念商务印书馆创立 120 周年，本馆推出“汉译世界学术名著丛书”（120 年纪念版·珍藏本），计七百种。近五六年来，仰赖学界同人倾力支持，订正旧译，增补新译，拓展新著，积累日多。为满足读者需要，本馆在七百种的基础上，继续推出“汉译世界学术名著丛书”（120 年纪念版·珍藏本·增订本）三百种。至此，“汉译世界学术名著丛书”累计出版已达千种。

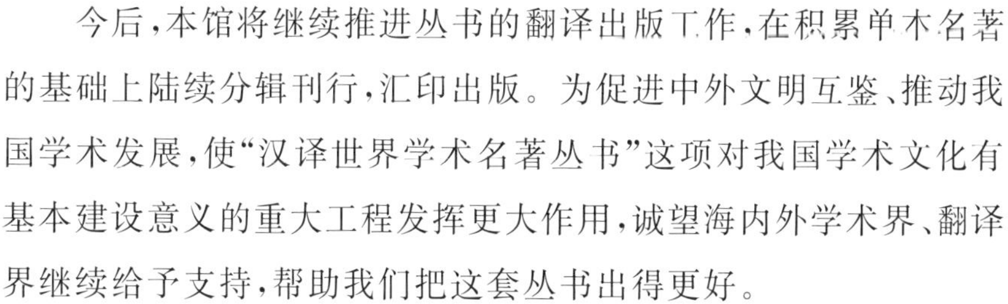

今后，本馆将继续推进丛书的翻译出版工作，在积累单本名著的基础上陆续分辑刊行，汇印出版。为促进中外文明互鉴、推动我国学术发展，使“汉译世界学术名著丛书”这项对我国学术文化有基本建设意义的重大工程发挥更大作用，诚望海内外学术界、翻译界继续给予支持，帮助我们把这套丛书出得更好。

商务印书馆编辑部

2024 年 2 月

汉译世界学术名著丛书
（120年纪念版·珍藏本）
出版说明

2017年2月11日，商务印书馆迎来120岁的生日。120年前，商务印书馆前贤怀揣文化救国的理想，抱持“昌明教育，开启民智”的使命，立足本土，放眼寰宇，以出版为津梁，沟通中西，为中国、为世界提供最富智慧的思想文化成果。无论世事白云苍狗，潮流左右激荡，甚至战火硝烟弥漫，始终践行学术报国之志，无改初心。

迻译世界各国学术名著，即其一端。早在20世纪初年便出版《原富》《天演论》等影响至今的代表性著作，1950年代后更致力于外国哲学和社会科学经典的译介，及至1980年代，辑为“汉译世界学术名著丛书”，汇涓为流，蔚为大观。丛书自1981年开始出版，历时三十余年，迄今已推出七百种，是我国现代出版史上规模最大、最为重要的学术翻译工程。

丛书所选之书，立场观点不囿于一派，学科领域不限于一门，皆为文明开启以来，各时代、各国家、各民族的思想与文化精粹，代表着人类已经到达过的精神境界。丛书系统译介世界学术经典，引领时代思想，为本土原创学术的发展提供丰富的文化滋养，为推动中国现代学术和现代化进程做出了突出的贡献。

为纪念商务印书馆成立120周年，我们整体推出“汉译世界学术名著丛书”120年纪念版的珍藏本，寄望既利于文化积累，又便于研读查考，同时向长期支持丛书出版的译者、编者和读者致以敬意。

两甲子后的今天，商务印书馆又站在了一个新的历史时间节点上。我们不仅要铭记先辈的身影和足迹，更须让我们的步伐充满新的时代精神。这是商务人代代相传的事业，更是与国家和民族的命运始终紧密相连的事业。我们责无旁贷，必须做好我们这代人的传承与创造，让我们的努力和成果不仅凝聚成民族文化的记忆，还能成为后来人可以接续的事业。唯此，才能不负前贤，无愧来者。

商务印书馆编辑部

2017年10月

中译本序言

我冒昧移译的这部道德语言学著作是现代英美伦理学界的一部名著。作者理查德·麦尔文·黑尔(Richard Mervyn Hare，1919年3月21日—2002年1月29日)原是英国牛津大学哲学系著名的“怀特”(White's)道德哲学讲座教授，退休后任美国佛罗里达州立大学哲学系客座教授；其代表作除本书外还有：《自由与理性》(*Freedom and Reason*，1963)、《道德概念论文集》(*Essays on The Moral Concepts*，1973)、《道德思维——及其层次、方法和视角》(*Moral Thinking—its Levels Methods and Points*，1981)，等等。

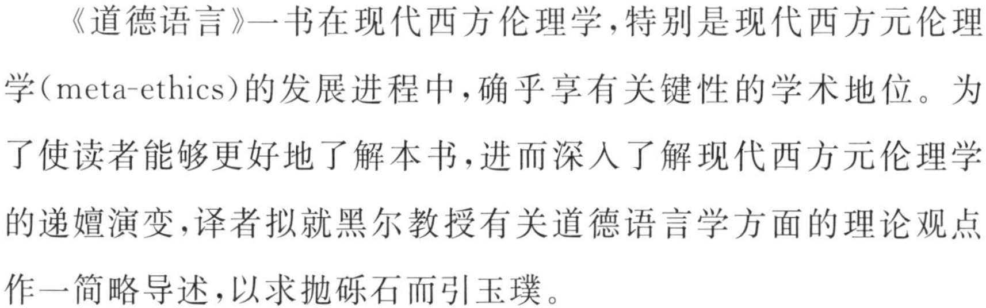

《道德语言》一书在现代西方伦理学，特别是现代西方元伦理学(meta-ethics)的发展进程中，确乎享有关键性的学术地位。为了使读者能够更好地了解本书，进而深入了解现代西方元伦理学的递嬗演变，译者拟就黑尔教授有关道德语言学方面的理论观点作一简略导述，以求抛砾石而引玉璞。

20世纪初以来，西方伦理学的发展已呈现一派崭新格局，显示出迥异于古典伦理学的特征。以非理性主义为基本特征的人本主义思潮，以人道化世俗化为基本特征的现代宗教伦理思潮和以科学主义和逻辑主义为基本方法论特征的现代元伦理学思潮，一起构成了现代西方伦理学发展态势的三大主脉。后者更是英美等国现代伦理学发展的主要理论趋向或主体构成。元伦理学（或依现代美国著名的伦理学家 C. L. 史蒂文森（Charles Leslie Stevenson，1908—1979）的见解，曰“分析伦理学”“理论伦理学”）的形成和发展与现代西方科学哲学和分析哲学思潮的兴起相呼应。它的渊源可以回溯到近代 18 世纪英国著名经验主义哲学家和情感论伦理学家休谟那里，而它的正式形成则应归功于本世纪英国最著名的伦理学家之一 G. E. 摩尔（George Edward Moore，1873—1958）。

迄今为止，元伦理学的理论发展经历了三次变革或三个阶段。以摩尔为先驱的“直觉主义”（intuitionalism）是元伦理学发展的第一阶段，其中又分为所谓“价值论直觉主义”（摩尔、罗素早期）和“义务论直觉主义”（普里查德、罗斯等人）。摩尔在 1903 年发表的《伦理学原理》一书首次将伦理学划分为“规范伦理学”（normative ethics）和“元伦理学”，是现代西方元伦理学诞生的标志。20 世纪 30 年代，“维也纳学派”的出现和维特根斯坦等人的研究成果，使元伦理学由较为简单的日常语言分析，转向科学逻辑语言的研究，随之产生了伦理学的“情感主义”（emotionalism），形成元伦理学发展的第二阶段。维也纳学派的石里克、卡尔纳普、赖辛巴哈，以及后来的维特根斯坦和罗素（晚期），都从伦理学语言的逻辑分析中，推出了“伦理学只是情感的表达，而不是科学事实的陈述”这一道德情感论的结论。20 世纪 50 年代活跃在美国伦理学论坛上的史蒂文森可谓道德情感论的集大成者(其代表作品是《伦理学与语言》等)。但由于这种道德理论偏执于情感主义和非认知主义立场,把伦理学推到了一种非科学的危险境地,直接动摇了伦理学作为一门真正科学的根基,因而引起了一种道德情感主义的反动,这就是以黑尔、图尔闵、乌姆逊、诺维尔-史密斯等人为代表的新语言分析伦理学派的突起。黑尔等人一方面加强了对伦理学语言本身的逻辑研究,力图以具体的逻辑证明维护伦理学蕴涵真理的科学性,以反对情感论者否认伦理学科学地位(status)的极端片面性;另一方面,他们又借助于一些新规范伦理学理论(如"新功利主义"等等)来改造和修缮道德语言学的分析范式,使之保持其科学性(事实描述)和实践性(行为指导)的基本特性。这一理论运动构成了元伦理学发展的第三阶段,也是元伦理学发展的最新趋势。黑尔是这一阶段最为重要的伦理学家之一,而其《道德语言》一书又是确立他这一重要学术地位的奠基之作。

也许正是因为《道德语言》所享有的这一特殊地位,使它不仅成了现代西方伦理学界的名著之一,而且也为各国学术界所倚重。在着手本书的翻译前夕,我已从黑尔教授本人那里获悉,该书现已有德、法、意、日、西班牙等多种文字的译本。对于我来说,这无疑是移译此书的最具吸引力的动因之一。然而,更主要的动因还来自本书所提出的独特见解、思考和分析道德语言的独特方法等方面对我的启发,以及它对于我们研究现代西方元伦理学的重要史料价值。

《道德语言》一书,基本上代表了黑尔伦理思想的主要方面。

黑尔教授在写给译者本人的信中特别提到，反对现代元伦理学中的非理性主义，特别是史蒂文森的极端情感主义，[①]是他研究伦理学和道德语言问题的最初动机。在该书的开篇中，黑尔就明确指出："道德语言是一种规定语言"（本书第一部分，第一章，第一节）。因此，它决非纯粹个人主观情绪、欲望、偏爱和态度的表达。它既具有"描述性意义"，也具有"评价性意义"；前者使它不同于纯粹的"祈使语气"，后者又使它蕴涵某种祈使意味而与纯粹的"陈述语句"相异。所以，在某种意义上，道德语言既能陈述事实，也能规定或引导人的行为，指导人们做出各种行为选择和原则决定（decisions of principles）。

道德语言的主要使用形式是价值判断。价值判断所要回答的基本问题是人的行为问题，即"我将做什么？"的问题。但人类的语言不单有道德用法，也有其非道德用法。在人们的日常语言使用中，这两种用法常常相互交织，并无明确区分，因之难免导致人们对道德语言的认识和应用常常产生理论上的混乱和实践上的困惑。黑尔运用了各种逻辑的和语言学的分析模式，把道德语言置于一般价值语言的大前提下进行细致而系统的分析。依他所见，价值语言的基本特征是其规定性；人们使用价值语言的目的便是规定或指导各种行为。从这个意义上说，价值语言也即是规定语言。它包括祈使句（命令句）和道德语言两大类。规定不单是评

① 黑尔在此所说的"非理性主义"与我们通常所指的"非理性主义人本哲学"是有区别的。前者主要指元伦理学中那种把道德语言视为人的情感、欲望和态度的纯情绪表达，因而不具备科学理性（逻辑）的意味的道德情感论；而后者则主要是从哲学本体论和方法论意义上来讲的。——译者

价，也是描述，且两方面相互渗透相互作用。某一语句通过“价值词”(value-words)表达着人们(说话者)对某一对象的主体评价，又给人们(听者)提供某种事实性描述的信息。比如说，“这是一种好草莓”这一语句，就在表达说话者对该草莓的评价的同时，又包含着这种草莓硕大、多汁、甜蜜等事实信息。

另一方面，黑尔认为，凡规定语言实际上都蕴涵着某种祈使句形式(单称的或全称的)。只要我们依据其逻辑推论程序，就不难发现规定语言的祈使意味，道德语言也是如此。当我说“做 A 事是正当的”时，我所表达(或希望表达)的，必蕴涵某种祈使句(“请做 A 事吧!”或“做 A 事!”)。但这并不意味着规定语言——进而说道德语言——只是一种“说服性”规定，如史蒂文森所以为的那样；或者它只是一种命令。相反，规定语言的这种意蕴，恰恰是与其描述性意蕴相联系着的；否则，它就没有意义。因为我们总不能毫无理由地说某种规定语言或道德语言，而理由(根据)之必然必须以事实描述为基础。就前例而言，我们说某种草莓好不能凭空而论，必须有事实根据。

然而，规定语言毕竟不同于纯描述性语言，一如祈使句毕竟不同于陈述语句一样。就价值语言和道德语言来说，评价性意义是基本的、第一位的，而描述性意义则是从属的、第二位的，这是价值语言的根本特征所在。价值语言的评价性功能是通过各种价值词来履行的。由此，黑尔在对价值语言的一般逻辑分析基础上，进一步分析了“好的”(善)“正当”“应当”三个主要的价值词。他认为，这些价值词均有其道德用法和非道德用法。在这两种用法中，价值词的意义是有所差异的。换言之，价值词的非道德用法较为宽

泛，可用来评价各种事物；而它的道德用法则较为严格有限，往往直接指向人们行为或人本身的道德意味。但在日常用法中，两者常常没有截然的分界线。此外，价值词在日常语言中往往较为松散(loose)，我们可以探讨以人工的价值词来置换“日常的”(或自然的)价值词之可能性，探讨这种置换所能达到的程度。但无论如何，不管是在何种用法之中，也不论人工价值词能否完全履行日常语言中的价值词所能履行的功能，价值词和价值语言一样，都不是纯感情的表达。

值得注意的是，在本书中，黑尔不单就价值语言和道德语言以及它们的使用“语境”(contexts)分析了道德语言、道德言谈或谈论所具有的描述性与评价性双重特征，而且还就历史文化和教育学等方面分析了这两种特征的相关变化。他认为，人类使用道德语言的用意，在于进行道德判断，而人类进行道德判断的基本前提是某种特定的标准或原则。这些标准或原则本身，也具有事实描述性和价值评价性双重品格。因为它们都是在人类世代更迭的过程中历史地形成和固定下来的。人们在依据它们进行判断、指导或自我修养时，往往因它们的“既定性”而将它们视为事实性或描述性的。而且，某一标准或原则保持越持久，越有连贯性和一致性，其所显示的描述力量就愈大，也就愈有权威性的评价力量；反之亦然。换句话说，因为人类历史地赋予它们以既定的事实性意味，仿佛它们确实无疑，因而也就使它们获得了某种表示事实的真理性。

但是，标准和原则的既定与“遗传”也会(且往往易于)产生另一种结果，即形成某种“僵化”“刻板”和保守的教条。这就需要标准的更新和原则的突破，使之永远处于不断变化和完善的过程之中。人类不断地实践，总是不断地创造出新的标准和新的原则。一方面，这种实践在不断地确认和巩固标准或原则的既定性、权威性；另一方面又在不断地修改它们，突破它们，重构它们；这即是"道德改革"的意义，也是人类道德得以发展的内在缘由所在。从道德语言这一视角来看，上述双重性发展状态主要是通过"教"与"学"这两种相互联系的形式表现出来的。事实上，人们在日常生活中的"教"与"学"实践，也就是描述性（传授知识、技术）和评价性（指导行为，使学习者接受、认同并按照确定原则或标准进行选择并在特殊境况中作出自己的原则决定）双重意义上使用价值词的过程。

黑尔教授在本书中提出的观点远不止上述所示。总体看来，他是在力图清理元伦理学发展中的语言学分析误区的同时，矫正情感主义的偏颇。虽然本书篇幅不大，但视点独特，分析缜密，真可谓筚路蓝缕，爬罗剔抉；其观点和方法开辟了现代英美分析伦理学的新思路：即通过对道德的语言学分析，恢复伦理学的科学品格，使伦理语言所具有的描述（事实）与评价（价值）的双重特性得到系统而科学的确证，从而为他自诩的"规定主义伦理学"（prescriptivist ethics）提供坚实的逻辑基础。[①] 仅从这一角度来看，《道德语言》一书的学术价值便有不可忽视的意义。

需要补充说明的是，尽管译者付出了艰苦的劳作，仍会有不少疏漏失雅之处，尚待细心的读者，特别是名家高手悉心指正。语言

① 黑尔的"规定主义伦理学"是直接从其道德语言学思想延伸出来的。对此，由于篇幅和题旨所限，我不拟赘述。请参阅拙著《现代西方伦理学史》（上卷），第二编，第九章。北京大学出版社 1990 年版。

是思想的载体。但哲学家们又一再告诫我们，语言本身既传达着思想，又限制着思想的传达。人类思维及其表达中，“只可意会，不可言传”者甚多，况且翻译又是语言与语言之间的一次再转换，永远无法像“摄影”那样原版翻拍，故尔常有偏差文本(texts)的损蚀。这是不少严肃的译者共有的困惑。因之，我一方面在尽力而为的前提下恳求专家学者对拙译多多雅正，以便在有机会的时候亡羊补牢，逐步完善之；另一方面我也因译事不易和译力不逮的客观事实而深感惶惑乃至悲哀，也就因此而弃绝了那种至于完美的梦想。然而这种坦白并不意味着我想为自己译笔不力的缺陷开脱责任，更无意就此自我宽怀。追求本真依旧是我始终的学术承诺，著书立言、教学译介，概莫能外。

最后，我当特别感谢本书的作者黑尔教授。在我请求翻译本书之际，他不仅给予我高度信任和鼓励，而且多次帮我解释一些疑难问题。今年五月，他来北京旅游时还专门来北京大学找我商询译事，可惜因我赴外地开会而未能一晤。不然，他的当面指点和建议一定会使本书的翻译更好一些。另外，因我多有延误，致使中译本未能尽快发稿，多有辜负黑尔先生的良好期望，亦使我惭疚不已。幸亏商务印书馆的编辑们不嫌余陋，悉心扶正。特别是本书责任编辑徐奕春同志，更是关心备至，他不仅对本书的翻译出版给予了始终如一的关怀、指导和帮助，而且为拙译做了许多超出职责范围的工作。他认真负责的工作使拙译减少了不少纰漏。没有他和上述这些同志热忱诚挚的扶携，我是很难完成此书的翻译工作的。还有一些朋友也对此书的翻译出版给予了友好的关切和帮助，恕不一一致谢。

谨以本书中译本的圆功作为我献给作者的圣诞礼物！

万俊人

于北京大学园内

目　录

前　言

我本打算将此书写成一部清晰简明而又有可读性的伦理学导 iii
论，使之能让初学者尽可能直接把握这一学科的基本问题。因此，我将原已准备的材料减少到最初篇幅的一半左右，并省略了原有的绝大部分证明程序，对一些次要的反对意见和其它一些辩护亦略而不论，而对于这些内容，那些较为谨慎的哲学家们则往往容易给予很大的篇幅，再三地加以论述。尽管我以为本书所勾勒的探讨伦理学的方式一般来看还是卓有成效的，但读者对我持有异议，要比对我的不理解更让我宽慰。在本书中，也和在其他哲学著作中一样，差不多每一段落都需要一些证明，但要在每一场合都提供这种证明，就会使读者很难把握我的主要论点。因之，我力图自始至终采用一种尽可能明确的观点，因为我相信，讨论本书中所提出的各种要旨，比保全我自己免受批评更为重要。

就我的设想而论，伦理学乃是对道德语言的一种逻辑研究。一般说来，如果一个人熟悉一些较为简单的逻辑，就更容易理解那种非常复杂的道德术语的逻辑。但因为许多哲学初学者由于某种原因而不得不在毫不熟悉这些简单逻辑的情况下学习伦理学，所以我并没有把这种假设看成是理所当然的事情。倘若某位读者是在以前毫无哲学阅读经历的情况下来探讨本书的，我希望，如果他

遵循下述简单规则，他就会发现本书是可以理解的。该规则是：对他觉得困难的地方先省略过去，坚持读下去，过后再回过头来阅读这些困难的部分。为了有益于那些可能感兴趣的读者，我在本书中粗略地提到了一些为人们所熟悉的“伦理学理论类型”，以及最为著名的伦理学著作家们的作品。但读者即使忽略了这些内容，也不会错过我论点的任何本质性方面。我首先花了一个部分的篇
iv 幅来讨论“祈使语气”，这是因为，在我看来这个问题是最基本的。但是，由于这一问题也许又是最困难的，故在本书第二部分，我并未把第一部分的论证视为理所当然的事情。因此，任何一位读者若想将这两部分倒过来看，都尽管这样做好了。

我有意回避涉及那些道德心理学问题，特别是不去触及人们通常所称作的“意志自由”问题。在绝大多数伦理学导论中，这个问题都占有一席之地，它也是亚里士多德常常称之为意志随意(Akrasia)的问题。尽管这个问题应该予以更多的讨论，我也只能在本书中附带地提及。* 这并非因为我认为这些问题不很重要，也不是因为我对这些问题无话可说，而只是因为：它们毋宁是道德心理学的语言问题，而非道德本身的语言问题。

首先，我得感谢波利奥尔学院的院长及诸位学者，因为他们的慷慨大度，给我提供了宝贵的时间，使我从 1950 年至 1951 年间摆脱了各种教学义务，没有他们的这种慷慨扶携，本书的工作永远也无法完成。其次，我必须感谢“T. H. 格林道德哲学奖”的评委们：

* 继本书后，黑尔教授在其第二部重要伦理学著作《自由与理性》(*Freedom and Reason*，Oxford：Oxford University Press 1963)中集中探讨了这一问题，可资参阅。——译者

H. J. 白顿教授、G. 赖尔教授和 P. H. 诺维尔-史密斯先生，对我的参赛论文提出了许多有帮助的评论，本书的第一部分就是这篇论文的缩略。再次，我还得对牛津和其它地方的诸多朋友们表示谢意，在和他们的讨论过程中，我学到了我在本书中所陈述的绝大部分东西。比如说，我从 J. O. 厄姆逊先生那里就获益匪浅，这一点是显而易见的。我还要特别感谢 D. 米切尔先生、H. L. A. 哈特教授、A. J. 艾耶尔教授和 A. E. 丹肯-琼斯教授，他们阅读了我的部分或全部打印稿，帮我矫正了一些严重错误——本书可能还留有这样一些错误，为此，我得请诸位原谅。丹肯-琼斯教授给亚里士多德研究联合会提供的论文《真理与命令》发表太迟，使我无法在 v
本书中作出评论，埃弗雷特·霍尔教授的《什么是价值？》一书亦复如此，该书在一个更为雄心勃勃的范围里，考察了本书的主题。有关霍尔教授观点的评论，我只得让读者去参阅我即将在《心灵》杂志上发表的有关评论。我还得感谢 B. F. 麦克金勒斯先生，他帮助我编制了本书的索引。最后，万一本书的仓促简陋导致了在处理那些仍然健在和已经仙逝的哲学家们的作品时有教条武断之嫌，或对他们的学说有不公正之处的话，我必须坦白承认：我从我可能持有异议的那些著作家们那里所学到的东西，和我从我赞同的那些著作家们那里所学到的东西难分伯仲。

我谨以本书关于道德语言的研究奉献给那些善良的男人们和女人们，尤其是我的爱妻。如若没有他们提供的各种经验，道德学家也就只有空费神思了。

R. M. 黑尔

于波利奥尔学院，1952 年

再版序言

v 在本书第二版中，我作了一些轻微改动，而未对原文作大刀阔斧的改写。倘若我再有机会重写本书，我会把它写成一部面貌不同的新作，因为我现在对那些存有误解和使读者误解的问题又有了新的认识。不过，尽管我的观点某些细节已有改变，但我认为在基本的方面并无变化。我最衷心地感谢那些通过评论我的各种论点来帮助我廓清这些问题的人们。关于我现在的观点，我必须请读者参阅我的另一部新作，它是本书的继续，我希望这部新作能于近期问世。*

R. M. 黑尔

于波利奥尔学院，1960 年

* 黑尔教授这里所指的新作，即是他于 1963 年发表的《自由与理性》一书。——译者

第一部分　祈使语气

“德性是一种支配我们选择的气质。”

——亚里士多德《尼可马克伦理学》1106b 36

一、规定语言

1.1. 如果我们问某人的道德原则是什么，我们最有把握做出 1
正确回答的方式，是研究他的**所作所为**。当然，他可以在他的谈话中主张各种原则，而在行动中又完全无视它们；但当他了解到与某一境况相关的全部事实并面对行为的各种选择性方式和对“我将做什么？”这一问题的各种选择性答案之间作出选择或决定时，他实际所相信的行为原则就会显现出来。行为之所以能以独特的方式展示道德原则，其原因正在于，道德原则的作用就是指导行为。道德语言是一种规定语言。这即是使伦理学值得研究的缘由所在：因为“我应做什么？”这一问题，是一个我们无法回避太久的问题。尽管行为问题有时并不及填字谜游戏那么妙趣横生，但行为问题**必须**得以解决这一点也与填字谜游戏不同。我们不能等待下回分解，因为下回讨论的问题也有赖于这些问题的解决。因之，在

行为问题日益复杂而令人烦恼的这个世界里，存在着一种对我们据以提出并解答这些问题的语言进行理解的巨大需要。因为有关
2 我们道德语言的混乱，不仅导致理论上的混乱，而且也会导致不必要的实践困惑。

一种业已过时但却依然有用的研究方式是种加属差；如果道德语言属于“规定语言”一类，倘若我们先把规定语言与其它类语言，然后将道德语言与其它类规定语言相互比较和对照一下，那么，我们就很易于理解道德语言的本性。简言之，这即是本书的计划。我将从简单到复杂，先论及最简单的规定语言形式，即通常的祈使句。道德语言的研究者对这类语句的逻辑行为颇有兴趣，因为尽管它比较简单，但它却以一种易于识别的形式，提出了许多困扰伦理学理论的问题。因此，尽管把道德语言“还原”为祈使句并非我的目的之一，但祈使句的研究却是伦理学研究迄今为止最好的开篇。假如读者不能马上明白本书前面部分的讨论与伦理学的相关性，我得要求他不必心急。忽略本书第一部分所阐述的原则，乃是伦理学中许多最隐秘有害的混乱之源。

我将从单称祈使句入手，进而到全称祈使句或普遍原则。对这些语句或原则的讨论，以及，对如何逐步取用或反驳它们这一问题的讨论，将使我有机会来描述教与学的程序，描述我们出于这些目的而使用的语言逻辑。因为道德语言最重要的效用之一就在于道德教导，故尔，这种讨论与伦理学的相关性将是显而易见的。

然后，我将继续讨论一种规定语言，这种规定语言与道德语言的关系比简单祈使句与道德语言的关系更为接近。这就是非道德
3 价值判断语言——所有那些包含着像“应当”“正当”“善”这类词但

不是道德判断的语句。我将试图确立这样一些语句所展示的许多特点，这些特点已使得伦理学研究者们烦恼不堪——我们能在多大程度上合理地理解这些特点，也就能在多大程度上阐明伦理学本身的问题。我还将依次探讨“善”和“应当”这两个最为典型的道德词，先探讨它们的非道德用法，然后讨论其道德用法；并希望在这两种情形中都能表明这些用法具有许多共同的特点。在结论中，我将通过建立一种逻辑模式，把道德语境和非道德语境中的“应当”和“善”的逻辑与祈使句的逻辑联系起来，在这种逻辑模式中，人工概念可以在某种程度上取代日常语言中的价值词，人们是依照一种修正过的祈使语气来定义人工概念的。对于这种逻辑模式，人们大可不必过于严肃对待，我只是把它当作前面讨论的内容非常简略的图式来看的，它本身包含着我必须要论述的实质内容。

因此，可以将我所提出的规定语言分类表述如次：

这种分类只是粗略的，在本书中我将逐步使它更精确一些。比如说，读者将会看到，日常语言中的所谓“全称祈使句”就不是严格意义上的全称语句。我也并不以为这种分类已经穷尽所有规定语言的种类，例如，单称祈使句和非道德的价值判断就有许多不同的类型，而且，除了单称祈使句和全称祈使句之外，还有其它类型的祈使句。但这种分类已足以让我们着手研究并说明本书的计划。

1.2. 有时候，一些基础语法书的作者们根据语句所表达的陈 4

述、命令或疑问，将语句划分为陈述句、命令句或疑问句。对于逻辑学家来说，这种划分既不够透彻，也不够严格。比如说，逻辑学家们就花费了大量精力力图表明：在陈述语气中，各种语句可能有颇为不同的逻辑特征；把这些语句统统归类于“陈述句”，会让我们忽略它们之间的一些重要区别，从而可能导致严重错误。在本书的后一部分，我们将会明白，那种表达价值判断的陈述句，在逻辑上是如何以一种完全不同于日常陈述句的方式来起作用的。

同样，祈使句也是一种混合语句。一些语法学家在其著作中的相同部分是把“如若我在格兰彻斯特的话！”这类语句作为祈使句来处理的。即使我们撇开这类句子不说，在各种严格意义上的祈使语气的语句中，我们依旧有许多不同的表达(utterance)。诸如军事命令(在阅兵场或其它场合)、建筑师的工程设计书、煎蛋卷和真空吸尘器的使用指南，各种忠告、要求、恳求，以及其它不胜枚举的语句类型，它们的许多功能彼此间都相互重叠。这些不同类型的语句之间的区别，可能会给一位细心的逻辑学家提供在哲学杂志上大做文章的素材，但要做这种性质的工作，还必须大胆才行。因此，我将依照语法学家们的做法，用“命令”这一单称语词来概括语句用祈使语气表达的所有这些类型的东西，而在命令式这一类中，我只作一些很宽泛的划分。我采取这种程序的理由是，我希望引起读者对所有或几乎所有这种类型的语句都共有的特点产生兴趣，读者对这类语句之间的区别无疑是足够熟悉的。基于同样的理由，我将用“陈述”这个词概括由各种典型陈述句所表达的
5 一切，倘若有这种语句的话。这就是说，我将在像“关上门！”这样的语句与“你将要去关上门”这样的语句之间做一个对照。

人们很难否认陈述与命令之间存在一种差别，但更难说出这种差别究竟是什么。它不单是一种语法形式的差别，因为，如果我们不得不去研究一种新发现的语言，我们就应该能够识别(identify)那些分别用来表达陈述和命令的语法形式，而且应该把这些形式称之为“陈述的”和“祈使的”(假如这种语言是以一种使该区分有效的方式来建构起来的话)。这种区分存在于不同语言形式所传达的各种意义之间。人们用这两种语句谈论同一主题(subject-matter)，但谈论的方式有所不同。“你将要去关门”与“关上门!”这两个语句所说的，都是指你在即近的将来去关门，但它们对此意的所说所云却大相径庭。一陈述句被用来告诉某人某事是事实，而一祈使句却不然——它被用来告诉某人去使某事成为事实。

1.3. 关于人们所主张的或可能会主张的有关祈使句具有意义的方式的理论，是很值得道德哲学家们去考察一番的。道德学家们提出了一种非常引人注目的关于道德评价的相似理论。这种理论表明，在两种语句之间，可能有某种重要的逻辑相似性。让我们先考察一下两种理论，它们与我将在后面称之为“自然主义的”伦理理论类型相似(5.3)。这两种理论都试图把祈使句“还原”为陈述句。第一种理论通过把祈使句描述为表达说话者心灵的陈述来进行这种还原。该理论认为，正如“A 是正当的”意味着“我赞同A”，一样，我们也可以认为，“关上门”同样意味着“我要你去关上门”。在口语层次上这样说无伤大雅，但在哲学上却很容易引起误
解。它会产生这样一种后果：如果我说“关上门”而你却(对同一个 6
人)说“别关门”而我们之间不发生矛盾。这种情况是荒唐的。支

持这种理论的人可能会说，尽管没有矛盾，但却有一种愿望上的分歧，而这也足以说明我们的这种感觉：这两个语句彼此间多少有些互不相容（这种“不”具有在“你将不去关门”这个语句中的“不”同样的功能）。但是，这里仍存在困难之处：“关上门！”这个句子似乎是关于关门的事，而不是关于说话者的心灵状态；这如同煎蛋卷的指导（“拿四个鸡蛋……”）是关于煎蛋卷所需鸡蛋的指导，而不是对比顿女士［煎蛋卷时］的心灵之反省分析一样。说“关上门”与“我要你去关门”意思相同，正如说“你将要去关门”与“我相信你将要去关门”两者的意思相同一样。在这两种情形中，把一种关于关门的评论描绘为一种关于我心灵中打算去做的事情之评论，似乎是令人感到奇怪的。但事实上，“相信”或“要求”这两个词都不能作这种解释。“我相信你将去关门”并不是一种关于我的心灵的陈述（除非用一种高度比喻的方式），而是一种关于你关门的试探性陈述，是对于“你将要去关门”的一种更不确定的说法。同样，“我要求你去关门”也不是一种关于我的心灵的陈述，而是“关上门”这一祈使句的有礼貌的表达方式。除非我们理解了“你将要去关门”的逻辑，否则就无法理解“我相信你将要去关门”的逻辑；同样，除非我们理解了“关上门”，否则就不能理解“我要求你去关门”。因此，这种理论并没有说明任何问题，而与其平行的伦理学理论也同样如此；因为“我赞同 A”，仅仅是说“A 是正当的”一种更为复杂和迂回的方式。通过上述观察便可证实：这种表达方式不是一种我具有某种可认知的感觉或经常发生的心灵构架的陈述，而是一种价值判断。倘若我问：“我赞同 A 吗？”我的回答就是一种道德决
7 定，而并非一种对可反省事实的观察。“我赞同 A”对于某个并不

理解“A是正当的”人来说是无法理解的，而作为一种解释则比原来的句子更难于理解。*

1.4. 我想考察的第二种把祈使句还原为陈述句的尝试是由H. G. 波耐特博士(Dr. H. G. Bohnert)所提出来的。[1] 我希望能够将这种颇有意义的见解(不带偏见地)以下述陈述来加以概括。这个陈述即：语句“关上门!”与语句“或者你将去关门，或者X将要发生”(X对于被告知者来说是某种坏事情)的意义相同。有一种相似的理论这样主张：它(该语句)所表示的意思与“如果你不关门，X将会发生”的意思相同。这种理论与那种使“A是正当的”和“A是有益于Y的”相互等同的伦理学理论是一致的。在这里，Y一般被认作是好事情，比如说快乐或避免痛苦。稍后我们将会看到，价值表达往往获得——由于用来衡量它们的标准固定不变——某种描述的力量。因此，在一个明显以功利主义为标准的社会里，如果我们说“公共医疗事业做了大量有益的事”，大家都会明白，我们的意思是说公共医疗事业防止了大量的痛苦、忧愁等等。同样，就具有高度“假设性”的祈使句来说(3.2)，波耐特的分析似乎可以成立，因为我们很快就会认识到，人们用祈使句所指向的要么是实现某种目的，要么是防止某种趋于发生的结果。用他自己的例子来说，在一所燃烧着的房子里说“跑!”其意图多少类似于说“你要么快跑，要么就被烧死”。但是，这种意指的目的并不那么容易为人们认识到(祈使句只是在很小的范围内才是“假设的”，

* “*obscurum per obscurius*”为拉丁文，其意为“解释得比原来更难懂”。——译者

① 《命令的符号学特性》(The Semiotic Status of Commands)，见《科学哲学》(*Philosophy of Science*)杂志(1945年)xii，第302页。

或者根本不是“假设的”),在此情况下,根据上述分析,听者很可能对说话者想在“要么”这个词后面添加的东西莫名其妙。人们很难
8 明白,像“请告诉你父亲我打过电话”这样的语句,又如何按照波耐特的理论来加以分析?当然,人们总是可以用“要么某种坏事情将会发生”这样的句子来终止这种分析。但是,这种便宜只有通过把一个规定词加进分析之中才能获得,因为“坏的”是一个价值词,因而是规定性的。同样,伦理学目的论把“正当”解释为“有益于Z的”,这里的“Z”是一种价值词,诸如“满足”或“幸福”之类,这也只是给这些理论本身增加分析此类价值词的困难而已。

把祈使句还原为陈述句颇有诱惑力,且与那种以所谓“自然主义的”方式来分析价值词的诱惑力具有同一来源。这就是人们关于陈述句的那种感觉,即,被认为是唯一的那种“严格的”陈述句是不容怀疑的,而其它语句则恰恰相反。因此,为了使其它语句也无可怀疑,就需表明它们是**真正的**陈述句。当所谓意义的“证实主义”理论普遍流行时,人们的上述感觉更加深了。证实主义理论在其本身的范围内是一种卓有成效的理论。粗略地说,这种理论主张,若某一语句为真,则必定存在某种与之相应的事实,否则它就没有意义。现在,这种理论是对于某类语句(典型的陈述句)获得意义方式的解释理论中颇有前途的一种。显而易见,如果我们宣称某一语句表达了一种事实陈述,而我们不了解当该语句为真时的实际情况可能如何,那么,这一语句(对我们来说)就是无意义的。就陈述事实来说,这种意义标准是有效的,但倘若我们不加区别地把这种标准运用于各种并不表达事实陈述的语句时,就会招致麻烦。祈使句不符合这种标准,那些表达道德判断的语句也可

能不符合这种标准。但这仅仅表明，它们不能在这一标准规定的意义上表达陈述，而这一意义可能是一种较正常用法的意义更为狭窄的意义。所以，这并不意味着它们是无意义的，或者甚至也不 9
意味着它们的意义具有一种任何逻辑规则都无法适合其应用的特点。①

1.5. 那种对于唯有“严格意义上的陈述句”才不容怀疑的感觉居然可以（令人惊奇地）经受住了这样一个发现，即：我们日常语言中的许多完全有意义的语句并不能还原为陈述句。这种感觉之所以保存下来，在于这样一个假设：我们所发现的这些语句的任何意义都必然地在逻辑上处在低于陈述句的地位。该假设已经导致像A. J. 艾耶尔教授这样的一些哲学家们在将其极有价值的研究扩展到阐述道德判断之本性的过程中，做出了一些无关紧要却又引起许多不必要的抗议风潮的评论。② 艾耶尔的理论实质是：道德判断在日常生活中发挥作用的方式是不同于陈述语句的；他的证实标准提供了划分这种区别的依据。但是，由于其陈述观点的方式，由于他把道德判断与其它那些（完全不同的）按照证实标准不属于陈述句类型的语句等同起来，从而引起了一场至今尚未平息的混乱。由于对祈使句的处理方式相似，所有这些争论都密切平行——似乎与艾耶尔站在同一条战线上的作者关于祈使句的看法

---

① 见拙文《祈使句》（Imperative Sentences），载《心灵》（*Mind*），lviii（1949 年），21。在这里，我使用了该文中的一些材料。

② 请特别参见《语言、真理与逻辑》，第二版，第 108—109 页。另见《论道德判断的分析》（On the Analysis of Moral Judgments），载《哲学论文集》（*Philosophical Essays*），第 231 页以后，这是一篇稍后的而又更有分量的阐述。

都为同一类型，如同他们对道德判断的看法也同样如此一般。假定我们认识到了祈使句不同于典型陈述句这一明显事实，进而言之，假定我们只是把典型陈述句视为无可怀疑的；那么，我们就会很自然地说：“祈使句并不陈述任何事情，它们只表达愿望。”正如我所考察的第一种理论那样，在口语范围内，说祈使句表达愿望乃
10 是平常的；如果某人说：“把我的名字从这上面删掉。”那么，我们确乎可以说他所表达的是一种将其名字从这上面删掉的愿望。但尽管如此，“表达”这个词的极端暧昧性可能会带来哲学上的混乱。如果我们谈到表达陈述、意见、信念、数学关系等等，而且假如我们只是在这些意义中的一种意义上来使用表达这个词，那么，尽管这种理论告诉我们的东西寥寥无几，也无妨碍。然而不幸的是，人们也把这个词用于不同于这些意义的方面，而且，艾耶尔（在谈到道德判断时）还把“表明”（evince）这个词作为表达一词的近似同义语来使用，这就很危险了。我们可以说艺术家、作曲家和诗人们表达着他们自己的感情和我们的感情；也可以说诅咒表达着愤怒，而在舞台上跳舞则表达着欢乐。因之，说祈使句表达愿望可能使粗心大意的人设想我们在使用某一祈使句时发生的事情是：我们内心涌动一种渴望，当压力大得无法忍受时，便通过说一句祈使句来给这种渴望制造一个发泄渠道。当我们把这种解释应用到像“给门装上撞锁和塑料把手”这样的语句中时，就显得不真实可信了。况且，价值判断似乎也不符合这种证实标准，在某种意义上，价值判断确实像祈使句那样具有规定性，而且没有我们所说的那类问题。在口语范围内，说“A 是善的”这一语句是被用来表达对 A 的赞同，这完全无可厚非（《简明牛津英语辞典》上说：“赞同：……即宣

布……为善”);但如果我们以为所表达的这种赞同是我们内心的一种特别热烈的感情,就会在哲学上导致误解。如果地方政府的长官通过指派其下级写信给我,表达他对我的城市计划的赞同,信中说:“长官赞同你的计划”,或者说:“长官认为你的计划是最好的一个计划”,这时候,我总不至于去雇用一位私人侦探去观察这位长官的情绪表征,以证实其部下的信函吧。在这种情况下,他让部下给我写这封信也就是赞同我的计划。

1.6.就单称祈使句来说,不存在任何可与表示“态度”的那种 11
价值判断之赞同论相类似的东西。[①] 但关于全称祈使句却有可能建立这样一种理论。假如某人说:“不要对人落井下石”,我们就会很自然地说,他表达的是关于落井下石之行为的一种态度。要准确地定义这种态度或建立一种认识该态度的标准是极端困难的,正如我们很难准确地说道德赞同相对于其它类型的赞同而言是什么一样。要刻画由全称祈使句所表示的态度之特征,唯一可靠的方式是说“人们不应该(或应该)做某事”;而要刻画由一道德判断所表示的态度之特征,唯一可靠的方式则是说“做某事是错误的(或正当的)”。对某一确定的实践持一种“道德赞同”态度,即是具有一种在适当时机认为该实践是正当的气质倾向;或者说,如果“认为”本身是一个倾向性的词,那么,这种道德赞同态度就是认为该实践是正当的;而我们认为其正当的想法,可能是由我们的行为以某些方式泄露或展示出来的。行为主义者可能会说是由我们的

① 例如,我们可以参见C. L.史蒂文森的《伦理学与语言》(*Ethics and Language*)一书。

行动以某种方式构成的（首先，当时机来临之际，我们便做出这种行动；然后说它们是正当的，继而又用别的方式来赞许这些行为；如此等等）。但在所有这些情况下，当某人认为某一类型的行为是正当的时候，他究竟在想什么？对此我们是无法解释的。同样，如果我们说："不要对某人落井下石"表示了要人们不应该打他之类的态度（或者说，这句话表示了憎恶打人的态度或对于打人的一种"反态度"），那么，对于某个并不理解我们正在解释的语句的人，我们原本就不应该对他说任何可以理解的事情。

我想强调的是，我并不是企图反驳这些理论。它们都具有这
12 样一种特征，即：如果用日常语词来说，就它们的主要论点来看，它们所谈的并没有什么可以反对的地方。但是，当我们试图理解它们是如何解释那些致使它们苦恼的哲学困惑时，我们不得不把它们解释为是不可信的；或者发觉它们只不过是在用一种更为复杂的方式解决这些相同的问题而已。包含着"赞同"这一术语的语句是如此难以分析，以至于用这种概念去解释道德判断的意义已不合常情。因为在我们知道"赞同"这个词以前，我们早已学会了道德赞同；同样，用愿望或者别的感情或态度来解释祈使语气的意义，也可能有悖常理。因为在我们知道"愿望""欲望""憎恶"等比较复杂的概念之前，我们早已学会了如何对各种命令作出反应，又如何去使用各种命令。

1.7. 现在，我们必须考察另一类理论，这些理论是与我们刚才考察的那一类理论同时提出来的。其主张是，道德判断或祈使句在语言中的功能（此类理论常常将这两者等同起来），是在因果意义上影响听者行为或情绪的。R. 卡尔纳普教授就写道：

> “实际上，价值陈述不外乎是以一种使人误解的语法形式提出的命令。它可以影响人们的行动，这些影响可能与我们的愿望相符或不符；但它既不为真，也不为假。”[①]

艾耶尔教授也写道：

> “伦理学语词不仅仅是用来表达感情。它们还适合于引发感情，因而也适合于刺激行动。的确，它们中的一些被人们以这样一种方式给予它们所在的语句以命令的效果。”[②]

在更近时期，史蒂文森教授也精心论证了这种观点。[③] 在此，我们
又遇到这样一种理论，它在口语层次上可能无伤大雅，但由于它把 13
使用命令或道德判断的过程等同于其它在事实上明显不同的过程，因而产生了一些哲学错误。

确实，如果一个人诚实忠厚，那么他在使用祈使句时，他的意图是想让其祈使句所指涉的那个人去做某事（即他命令该人去做某事）。就命令而言，这一点确为诚实的检验标准，正如只有当说话者相信某一陈述时我们才能认为该陈述是诚实的一样。而且，正像我们稍后将要看到的那样，对于诚实地赞成由某个其他的人所给出的命令或他所作出的陈述，也可采用类似的标准。但这些理论并不是这个意思，而是认为，一种命令的功能是对听者产生因

① 《哲学与逻辑句法》，第 24 页。（有中译本，卡纳普著，傅季重译，上海人民出版社 1962 年。）

② 《语言、真理与逻辑》，第二版，第 108 页。（有中译本，英国 A. J. 艾耶尔著，尹大贻译，上海译文出版社，2006 年版。）

③ 见《伦理学与语言》，特别是第 21 页。（有中译本，美国 C. L. 史蒂文森著，姚新中译，中国社会科学出版社 1997 年版。）

果性影响，或者是要他去做某事，而这样说可能会使人产生误解。在日常说法中，说我们使用一种命令的意图是要某人去做某事并无妨害；但从哲学上说，却必须做一种重要的区分。从逻辑上说，**吩咐**某人去做某事的过程与**使**他去做某事的过程是完全不同的。[①] 我们可以通过考察陈述情形中一种类似的情况来说明这种区别。告诉某人某事是事实，这在逻辑上不同于使他（或试图使他）相信它。在告诉某人某事是事实之后，如果他不相信我们所说的，我们就可以着手以一种完全不同的过程试图使他相信这一点（试图说服他或使他相信我们所说的是真的）。任何人在试图解释陈述句的功能时，都不会说他们是企图说服某人，使他相信某事是事实。所以同样无任何理由说命令是企图说服某人或使某人去做某事。在这里，我们也是先吩咐某人去做某事，然后，如果他不打算去做我们所说的事情，我们就可以着手另一完全不同的过程试
14 图使他去做这件事。因此，我们前面已经引述过的“给门装上撞锁和塑料把手”这一操作指南，并非想**刺激**木工去行动，因为我们可以使用别的方法来刺激他。

对于道德哲学来说，这种区别非常重要，因为事实上，这种认为道德判断之功能是说服的提议，导致了一种把道德判断之功能与宣传之功能区别开来的困难。[②] 因为我想使人们注意命令与道德判断的某些相似性，并把这两者都划归为规定语句，所以我尤其

---

① 关于这一问题，我有更详细的论述。见拙作《论意志自由》（Freedom of the Will），载《亚里士多德联合会会刊》（*Aristotlian Society*，*Supplementary*）（增刊），第25卷（1951年），第201页。在本节和第10.3节中，我援用了该文中的某些材料。

② 参见C.L.史蒂文森：《伦理学与语言》（*Ethics and Language*），第十一章。

要求我自己避免把这两者中的任何一种与宣传混淆起来。如同经常出现在哲学中的情况那样，在这里，我们也混淆了两种区别。第一种区别是陈述语言与规定语言之间的区别。第二种区别是告诉某人某事与使他相信或做别人告诉他的某事之间的区别。只要我们稍加考虑就会清楚，这两种区别既殊为不同又相互重叠。因为我们可以告诉某人某事是事实，或者吩咐某人去做某事，在这里，不存在任何说服（或影响、或引诱、或促使）的企图。如果这个人不想同意我们所告诉他的事情，那么我们就可能诉诸夸张巧辩、宣传鼓动、额外编造事实、心理诡计、恐吓威胁、贿赂、折磨、冷嘲热讽、许诺保护以及各种各样的其它权宜之计。所有这些都是引诱或促使他去做某事的方式，前四种也是促使他相信某事的方式，其中没有一种是告诉他某事的方式，尽管那些运用语言的方式也许告诉了他各种事情。倘若我们把这些方式视为引诱或说服的权宜之计，则这些方式成功与否就只能通过它们的效果来加以判断了，亦即通过看此人是否相信或者是否做我们正力图促使他相信或促使 15
他去做的事，来判断这些方式是否成功。至于用来说服他的手段是公道的，还是污秽的，这无关宏旨，只要这些手段能说服他就行。因此，当某一个人意识到别人正在试图说服自己时，他对这一意识的自然反应便是："他正在试图游说我，我必须警惕，切莫让他偏执地左右我的决定；我必须在这件事情上拿定主意，保持自己作为一个自由责任之主体的地位。"哲学家们不应鼓励这种对道德判断的反应。另一方面，对于某人告诉我们某事是事实或者他吩咐我们去做某事（比如说，给门装上撞锁）来说，我们并不会自然地做出上述那些反应。吩咐某人去做某事，或告诉某人某事是事实，都是对

"我将做什么?"或"这些事实是什么?"之问题的回答。我们回答这些问题后,听者便知道去做什么或事实真相是什么——假如我们告诉他的是正确的话。他并不必然会因此而**受到影响**,而倘若他没有受到影响,我们也没有失败。因为他可以决定不相信我们或不服从我们,仅仅告诉他事实真相并未做任何事情——也未试图去做任何事情——来阻止他不相信我们或不服从我们。但说服并不针对一个作为理性主体并正在问他自己(或我们)"我该做什么?"的人,因为它不是对这样或别的问题的回答,而是一种**使**他用一种特殊方式来回答它的企图。

因此,人们不难看出,所谓道德判断的"祈使理论"究竟为何会招致它所引起的那些抗议的缘故所在了。因为这种理论不单是建立在对道德判断之功能的误解基础上,而且也建立在对命令之功能的误解基础上,并将它们两者同化,所以这种理论似乎是对道德学说之合理性的诘难。但如果我们意识到,不论命令与陈述有多大不同,在这样一点上它们却是相同的,即:它们都是要告诉某人某事,而不是想去影响他,这样,让人们注意命令与道德判断的相似性也就有益无害了。因为正如我们将要表明的那样,由于命令像陈述一样本质上是用来回答理性主体所提出的那些问题的,因
16 而命令与陈述一样都受着逻辑规则的支配。这意味着道德判断也受逻辑规则的支配。我们还记得,那位最伟大的理性主义者康德就是把道德判断称作祈使句(律令)的,尽管我们也必须牢记,他是在广义上使用祈使句(律令)这一语词的。[①] 而且,尽管道德判断

① "Imperatives"一词在英语中有多重涵义。从语言学上取用它,是指祈使句;从哲学或纯伦理学上取用它,则表示(道德)命令、律令等。在本书中,黑尔教授更多的是从前一个角度来取用它的,但康德则是从后一种角度来使用它的,故以括弧注明之。当然,这两种涵义亦有相互涵盖之处。——译者

在某些方面与祈使句相同，但在其它方面，它们又有区别(11.5)。

二、祈使句与逻辑

2.1. 为了说明祈使句与陈述句之间的差异，分析这两种类型 17
的语句以弄清它们共有的意义因素，从而将两者的本质差异分离出来，将是颇有裨益的。因为我已经在前面提到过的一篇文章(1.4.)中做过这种尝试，所以我在此将尽可能简明地谈谈这个问题。

我们已经注意到，“你将去关门”与“关上门”这两个语句都是关于同一件事的，即你要在最近的将来关门，但它们却又被用来说关于这件事的不同方面。那些在各自情形中涉及它们所说事情的口语语句或书写语句之诸部分之所以不同，纯粹只是一种语法的偶然结果。让我们通过书写下列在两种情形中都相互同一的短语，来指称它们两者所说的那件事，以重新将上述两个语句改写得更清楚些吧。这一短语可写为：

你要在最近的将来关门。

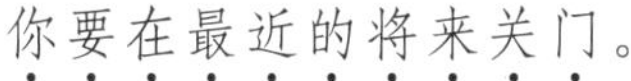

然后，我们将不得不再附加某些东西——在各自情形中所附加的东西互不相同——它们将补充各语句所传达的其它意义。到此为止，我们所做的研究已将这些语句所指的意义很清楚地告诉我们了。然而这并未告诉我们说话者正在说的是什么。我们不知道，他是在陈述你要在最近的将来关门是将要发生的事情，还是已成为事实呢？还是在吩咐我们去使关门成为事实？抑或是在告诉我

们别的事情？因此，为了使这一语句完整，还须附加某些东西以告诉我们这一点。我们可以写出下述两个语句，以便使这些语句分别为一个命令句或陈述句。

请很快关上门。

是的，你很快将关上门。

18 这两个语句与下列标准英语语句相对应：

关上门。

你将要去关门。

我们需要一些技术性术语来指称这些语句的不同部分。拙文所采用的那些术语都不令人满意，因此，我将造一些全新的词。我将把两种语气共同的部分（“你要在最近的将来关门”）叫作指陈(phrastic)；把命令和陈述之不同的语句部分（“是的”或“请”）称之为首肯(neustic)。李德尔(Liddell)和司各特(Scott)的《希腊语词典》的读者们将会认识到这两个术语的恰当性。“phrastic”源于一个希腊词，其意为“指示或指出”，而“neustic”则源于另一个希腊词，其意为“点头同意”。这两个词的使用与祈使性说法和陈述性说法没有关系。一个含有指陈和首肯的语句之说法可以形象化为如下形式：(1)说话者指出或指示出他准备去陈述的是事实，或命令的将成为事实；(2)他点头，仿佛说“这是事实”或“干吧”。然而他必定以一种不同的方式点头，因而来表示其中的某一种意思。

2.2. 现在清楚了：如果我们要找出陈述与命令之间的本质差异，我们就不得不留意这种首肯，而不必留意那种指陈。但就“首肯”这一单词的用法所指示的来看，在陈述性首肯与祈使性首肯之间，仍然存在某种共同的东西。也就是说，还存在着“点头”这一共同概念。这种共同的东西是通过任何一个认真使用语言的人所造成的，人们不仅仅是用引号来提示它或引用它，对于说（和意指）任何事情来讲，这种共同的东西都是本质性的。在书面语言中，引号的缺乏象征着我正在谈论的那种意义要素。在不加引号的情况下
书写一个语句，就像签署一张支票一样；而在引号内书写这个句 19
子，则像开出一张不签名的支票一样，也就是告诉某人怎样开支票。我们可以有这样一种约定俗成：对于我们正提及但不是正在使用的语句可以不加引号；相反，当我们正认真使用一个语句时，我们却点头首肯，或在写的时候作一些特别标记。在弗雷格、罗素和怀特海的逻辑体系中，“断定符号”（assertion symbol）有许多其它功能，其中之一，便是意指一个语句的使用和确认。[①] 在此功能中，断定符号可能既适用于命令，也适用于陈述。也许我们可以使语言稍微紧凑一些，对命令和陈述两者都使用“确认”这个词。

与此确认符号（affirmation sign）密切相连的，可能是听者用来表示同意或认同的那种符号。使用这种认同符号（a sign of assent），也就等于是用代名词——在必要的地方加以变动——等来重复这个语句。因此，如果我说：“你将要去关门”，而你回答说：“是的”，那么这就是一种认同符号了，它等同于“我将要去关门”。如果我说：“关上门！”而你回答说：“是！是！先生”，这同样也是一种认同符号。如果我想表达与此相同的意思，我就可以说：“让我去关门”或“我将关门”（在此，“我将”不是一种预计，而是一种决意

① 罗素和怀特海的《数学原理》（*Principles of Mathematics*），i—9。

或一种允诺的表达）。由此，我们可能会发现一条考察陈述与命令之本质差异的线索：这一线索存在于对命令和陈述的认同所包含的意味之中，而正如我已说过的那样，对它们的认同所包含的意味与最初对它们的确认中所包含的东西密切相联。①

如果我们认同一种陈述，那么，当且仅当我们相信该陈述为真（即相信说话者所说的），人们才会说，我们的认同是真诚的。另一
20 方面，我们认同一种以第二人称［身份］向我们发出的命令时，当且仅当我们做或决意去做说话者叫我们去做的事情时，人们才会说，我们的认同是真诚的。如果我们不做这件事而只是决意以后再做，那么，当做这件事的时机成熟而我们又不做时，人们就会说我们改变了主意，我们不再坚持认同我们以前所表达的意见了。说我们无法真诚地认同一种以第二人称［身份］向我们发出的命令，且同时又说我们在执行这一命令的时机已经成熟，而我们又有（身体的和心理-逻辑的）能力去执行该命令却不执行它，这种说法只是一种同义反复。同样，说我们不能真诚地认同一种陈述，而同时又不相信这一陈述，也是一种同义反复。因此，我们可以暂时这样来描绘陈述与命令的差异：对前者（陈述）的真诚认同必然包括相信某事的意思，而对后者（命令）的真诚认同则必然包括做某事的意思（在时机合适并为我们力所能及的情况下）。但这么陈述过于简单化了，稍后（11.2.）我们将予以限定。

至于第三人称的命令，认同它也就是和发命令者一起确认它。

① 关于“承认”和“确定”这些类似概念的一些有趣评论，可见P. F.斯特劳逊（P. F. Strawson）的《论真理》（Truth）一文，载《分析》（*Analysis*）杂志，第ix期（1948—1949年），第83页。和《亚里士多德联合会会刊》（增刊），第24卷（1950年），第129页。

就第一人称的命令（“让我们做某事吧”）和决意（“我将做某事”）而言——这种命令和决意彼此密切相连——确认与认同是相互同一的。从逻辑上说，一个人不可能不认同他自己确认的事情（即令他可以不是真诚地确认这件事情）。

2.3. 必须说明的是，我在使用“确认”这个词时，该词并不是与“否认”相对立的。我们既可以确认一个肯定句，也可以确认一个否定句。否认符号“不”是陈述句与祈使句两者之指陈的正常部分，因此我们不应该写“你将不去关门”，而应写“是的，你不会很快关门”；我们也不说：“不要关门”，而说：“请不要很快关门”。包含有“可以”一词的模态语句似乎可以用对首肯的否认来加以表述，21
因此，“你可以关门”（同意）可以写成“我没有叫你不去关门”，后者又可转换成“你不想很快关门？请别这样”。同样，“你可以准备去关门”这一语句，也可转换成“我没有说你不想关门”或“你不想很快关门？不！”但是，这些语句就变得很复杂了，对此我们不必深究。

在前面提及的那篇文章中，我已经指明，对于那些普通的逻辑连词“如果”“和”“或者”等等，在其日常用法中都与否定符号一样，我们最好也把它们作为语句之指陈部分来加以处理。这意味着它们是陈述句与祈使句之间的共同基础。“全部”和“一些”这些量词也是如此，对它们某种限定我稍后再谈（11.5.）。现在我还不敢肯定，在日常语言中，这些词的逻辑行为是不是在祈使句和陈述中都以差不多相同的方式而起作用，但可以肯定，即便有所不同，其差异也纯粹是一种语法上的偶然差异而已。在我们重新修订的祈使句的指陈中，通过使用日常逻辑连词——如同我们在陈述语气中使用它们一样，我们就可以用修正过的祈使语气来做任何我们现

在用自然的祈使语气所做的事情。从下述事实中我们便可清楚地看到这一点：通过一迂回婉转的方式，我们总是可以使一陈述句为真，以替换一简单命令（如："使'琼斯将要去关门或插上门闩'这一陈述句为真"），而不是发布一简单命令（如：对琼斯说："关上门或把门闩插上"）。然而，我们不能把这一点解释为是对陈述语气之逻辑"首要性"的一种承认（无论我们怎样解释），因为我们还有其它方式来做同样的事情——例如，我们可以不说："琼斯下午五点关上了门"，而说"'让琼斯下午五点关门'的命令（实际的或想象的都行）已被琼斯执行"。在此程序中，唯一的限制是由于这样一种
22 事实——稍后（12.4.）我们还会涉及——即：祈使语气远不及陈述语气丰富，特别是在时态上更是如此。

由于祈使语气和陈述语气共同的指陈因素所致，也使它们整个与其所指涉的实际事态或可能事态有密切关系。"你很快关门"这一指陈所指涉的是一种可能事态，并不受尔后发生的事情影响。祈使句与陈述句两者都必定指涉它们将要指涉的那种事态。这意味着，祈使句和陈述句一样，也可能带有那种所谓的意义证实理论所关注的弊端；因为这种弊端作为一种指陈的弊端与陈述本身毫无关系；那些作如是观焉的人们被引入歧途了。一语句无法意指的方面之一，是它无法指涉一种可以证明是同一的事态。因此根据同样理由，"上帝是绿色的"和"使上帝成为绿色的"这类语句毫无意义，即是说，我们不知道"绿色的上帝"是指什么东西。有些语句也可能因为同样理由而无法为某个人理解，尽管这些语句对另一个人来说是完全有意义的。例如，对于那些不知道转舵为何物的人来说，"转舵"这种命令就毫无意义。倘若人们认为证实标准

是对除陈述句之外所有其它语句之意义性的诘难，则这种标准就太不幸了：仿佛“关上门”这一语句和“Frump the bump”一样都毫无意义。[1]

由于逻辑连词出现在祈使句和陈述句两者的指陈之中，故祈使句和陈述句一样也往往带有另一种弊端。就陈述句来说，这种弊端被称之为自相矛盾，而自相矛盾这一术语也同样适用于祈使句。任何命令和陈述一样，相互间都可能发生矛盾。即便这不是一种正规说话方式，我们也很可能会采用它，因为在命令中，它所引起人们注意的特征与人们通常称之为矛盾的特征是同一的。让
我们考察一下下述例子，它取自坎宁安勋爵的自传。[2] 该例说的 23
是，在一艘作为旗舰的巡洋舰上，海军上将和该舰的舰长差不多是同时对舵手大喊起来，以避免一次相撞，一位大喊“左满舵！”而另一位则大喊：“右满舵！”坎宁安子爵把这两个口令称作“相反的命令”，而且在严格的亚里士多德式意义上，[3]这两个口令也确实如此。由此可以推出，这两个口令彼此间相互矛盾，在此意义上，它们的关联也自相矛盾。它们之间的这种关系与“你准备左满舵”和“你准备右满舵”这两个预计之间的关系是一样的。当然，有些命令可以在没有相互对立的情况相互矛盾，“关上门”就只与“别关门”相互矛盾。

---

① “Frump the bump”是作者随意举出的一个“例句”，本无意思，也无语法规则，只是两个单词毫无理由的组合，因而无任何意义。——译者

② 坎宁安子爵（Viscount Cunninghharn）：《一位水手的奥德赛》（*A Sailor's Odyssey*），第 162 页。

③ 《范畴篇》（*Categories*），$6^{a}17$。

人们可能会认为，排中律并不适用于命令。然而，如果这意思是说，在这一方面命令是别具一格的，那就错了。很清楚，如果我不说“关上门”，在逻辑上这并不迫使我说“别关门”。我可以说“你可以关上门，也可以不关门”；或者我可以一言不发。但同样，如果我不说“你将要去关门”，逻辑上也不强迫我说“你不要去关门”。我可以说“你可能要去关门，也可能不去关门”；或者我可以什么也不说。但是，倘若我问自己“我是去关门呢，还是不去关门？”由于回答这一问题有多种语词，所以，除非我根本拒绝回答这个问题，否则我就要回答“我将要去关门”，或回答“我将不去关门”。而“我可能会去”则不是对这一问题的一种回答。同样，如果有人问我：“关不关门？”倘若我想回答这一问题，就不得不回答“关门”，或者回答“不关门”。实际情况是：我们的语言拥有用一种三重语值方
24 式(three-valued way)来说的多种方式，也拥有用一种二重语值方式(two-valued way)来说的多种方式。而在陈述语气和祈使语气中，三重语值方式与二重语值方式都适用。

还可以用另一种方法来表明，简单祈使句在正常情况下是二重语值的。这种方法就是指出，给一位弈棋者出的主意如“下一步走你的后，或不走你的后”是分析性的[对于分析性的这一术语，我将在下面(3.3.)作出界定]。这句话对棋手到底走哪步棋并未提供任何肯定的指导，就好像“或会下雨，或不会下雨”这一语句没有告诉我任何关于天气的情况一样。[①] 如果简单祈使句的逻辑是三

① 维特根斯坦：《逻辑哲学论》，4·461。(有中译本，贺绍甲译，商务印书馆2009年版。)

重语值的，那么，我上面引用的那个语句就不是分析性的，它会在肯定的意义上排除第三种可能性，即既不走后，也不要不走后。这种形式的祈使句的选言式并不总是分析性的。例如，人们会很自然地以为，“或者呆着，或者别呆着”的意思是“别挡住门口”；但这与祈使句本身毫无关系；它只是这个语句之指陈的一种特征而已，只要我们将它与类似的陈述句“你准备呆着或不准备呆着”比较一下，就会很清楚地看到这一点（你呆着或别呆着的意思即是要你别站在门口发呆）。

2.4. 从命令可能相互矛盾这一事实中，我们可以推出如下结论：为了避免自相矛盾，命令也必须像陈述一样遵守某些逻辑规则。这些规则即是那些用于所有已包含在这些命令内的词语的规则。就某些词语而言——所谓逻辑词——这些规则就是给这些词语以其拥有的全部意义的规则。因此，了解“全部”这个词的意义，即是了解一个人无法在没有自相矛盾的情况下说某些事情，比方说，“全部人都是要死的，苏格拉底是一个人，但苏格拉底却是不死的。”如果读者思考一下，他怎样才能判别某个人是否知道“全部”这个词的意义？他会明白他所能采取的唯一方式是，找出那个人所思考的为那些含有“全部”这个词的语句所蕴涵的更为简单的语句是什么。“蕴涵”是一个强语气词，而时下逻辑学家们已不使用强语气词了，要充分讨论这个词的意义，特别是在数学语境中的 25
意义，尚需大量篇幅。但就我目前的意图来说，对这个词作如下界定就足够了：当且仅当出现这样一种事实，一语句 P 必然蕴涵一语句 Q；该事实是：一个人认同 P 却不认同 Q，这是他说他误

解这两个句子中的任何一个的充足理由。[①] 在这里，所谓“语句”只是特定的说话者在特定场合所使用的语句之缩写，因为说话者可以在不同场合使用具有不同意义的词，而且这意味着他们说的语句所蕴涵的意义也将不同。当然，我们可以通过询问他们，他们以为自己的话语所蕴涵的意义是什么，来导出其语句的意义。[②]

现在，“全部”这个词和其它逻辑词已被用于命令之中，正如它们已被用于陈述之中一样。由此可推：在各种命令之间，也必定存在各种蕴涵关系；否则，我们就不可能给予那些被用于命令之中的词以任何意义。假如我们不得不弄清某一个人是否知道在“将全部箱子都搬到车站去”这一命令中的“全部”一词的意义的话，那么，我们就不得不弄清他是否意识到了这样一种情况：即一个人认同了这一命令，而且也认同了“这是全部箱子中的一只箱子”这一陈述，但他却拒不认同“把这只箱子搬到车站去”这一命令，只有在

① 若把该定义扩展为如下规定，它就包含更复杂的蕴涵关系了，诸如数学中的那些蕴涵关系。对该定义的扩展如次：我们已给定的定义可视为一直接的蕴涵关系定义，而间接的蕴涵关系定义则可这样规定：即在P语句与R语句之间，有一系列的语句Q_1，Q_2……Q_n，且P直接蕴涵着Q_1，Q_1又直接蕴涵着Q_2，……Q_n直接蕴涵着R。但是，即便是这种规定，也不十分精确。

② 关于如何按照包含逻辑符号的语句之蕴涵关系来规定这些逻辑符号的指示，可见K. P. 波普尔的《新的逻辑基础》(New Foundation for Logic)一文，载《心灵》杂志，第lvi期(1947年)，第193页。和他的《无假设的逻辑》(Logic without Assumptions)一文，见《亚里士多德联合会会刊》，第xlviii期(1946—1947年)，第251页。

他误解了上述三个语句中的一个语句之情况下，①他才可能这么做。倘若这种检验标准不适用，则“全部”这个词（在祈使句和陈述句中）就毫无意义。因此，我们可以说，在我们的语言中，以祈使语 26
气表达的全称语句的存在，本身就是我们的语言包容着蕴涵关系的一个充足证据，而在这些蕴涵关系中，至少有一个语词是命令式的。是否可以用“蕴涵”这个词来表示这些关系？这只是一个术语上方便与否的问题。我主张可以这样用。②

在前面所引用过的那篇文章中，我曾列举了不少其结论为命令式的蕴涵关系的例子。因为在祈使句的指陈中出现了日常的逻

① 这三个语句是：（甲）“将全部箱子搬到车站去”；（乙）“这是全部箱子中的一只箱子”；（丙）“把这只箱子搬到车站去”。这三个语句是一组具有逻辑蕴涵关系的语句，句（甲）为大前提，句（乙）为小前提，句（丙）为逻辑结论。如果不误解其中某一语句，该组的蕴涵关系必定成立。——译者

② 为什么许多人都想否认命令可以蕴涵或可以被涵盖呢？这主要是有一些历史原因。但亚里士多德就曾谈到了实践三段式推论，也谈到了理论三段式推论（见《动物的运动》，701^{a}，第 7 行以后；《尼可马克伦理学》，1144^{a}，第 31 行）。他把前者（实践三段式推论）的大前提作为一种动形词或一个“应该–语句”来处理，或用其它方式来处理。但他似乎从来就没有意识到，这些形式是多么不同于正规的陈述。而且他说实践三段式推论的结论是一种行动（而非责令–行动的祈使句）。他发现，实践推论与理论推论的主要差别，不在于前者的（他所认识到的）规定性，而在于这样一种事实：若要以一种行动来作为结论，就必须诉诸偶然的特称命题。但他却不同意对理论三段式推论（我们应该探询的理由）作这样的归结（见《尼可马克伦理学》，1129^{b}，第 19 行以后；1140^{a}，第 31 行以后；1147^{a}，第 2 行）。这一点导致了他给实践推论设置了一种逻辑上的从属地位，尽管实践推论在他的整个伦理学理论中是最基本的。而且，奇怪的是，他关于实践推论的论述也一直为人们所忽略。有意思的是，他的三段式推论尽管总是在陈述性语境中提出来的，但有时候（虽然不总是）也以这样一种形式提出来，而这种形式同样也适用于祈使句：“三段式由下列步骤组成：说出某种东西；进而给定某些东西；最后是从这些东西中必然地推论出某种更进一步的东西”（见《智者派的反驳》，161^{a}，第 1 行以后；《论题》，100^{a}，第 25 行；《先验分析》，24^{b}，第 18 行）。

辑词，所以，从原则上说似乎可以仅仅用指陈来重新建构通常的语句样式(sentential calculus)，然后只要通过附加合适的首肯词，便可以将此语句样式同时运用于陈述句和祈使句之中。① 这种重建
27 的语句样式在多大程度上与我们的日常语言相一致？尚有待研究。就陈述句逻辑而言，这是一个为大家所熟悉的问题，其解决尚有赖潜心研究，研究这种语句样式中的逻辑符号是否也像决定我们在正常谈话中所使用的逻辑词的意义一样受制于同样规则。人们可以发现，在不同语境中，日常谈话对使用“如果”“或者”这类词有很多不同规则，特别是，它们在陈述句语境中的用法可能不同于它们在祈使句语境中的用法。所有这些都是有待探究的问题，但这至少不会影响以下原则：即假若我们发现了这些规则，或制订出了这些规则，就可以像研究陈述句的逻辑一样有把握地研究祈使句的逻辑。在此也和其它地方一样，不可能存在“对立逻辑”(rival logics)的问题，只可能存在决定我们的逻辑符号的使用(即蕴涵关系)的选择性规则问题；那种以为只要我们继续在相同意义上使用我们的语词，它们的蕴涵关系就将保持不变的说法，只是一种同义反复而已。②

2.5.在此，我们不必深究那些复杂情况。在本书中，我们只需要考虑从全称祈使语句以及陈述句的小前提，到单称祈使句的结

① A.霍夫斯达特和J.C.C.麦克金色在《论祈使句的逻辑》一文中，对这些方面已作过尝试性探究。见《科学哲学》，第vi期(1939年，第466页以后。)并参见A.罗斯的评论《祈使句与逻辑》一文，同前刊，第xi期(1944年，第30页以后)。

② 有关祈使句逻辑与陈述句逻辑之间的可能性差异的讨论，可见G.H.冯·赖特的《义务的逻辑》一文，载《心灵》杂志，第lx期(1951年)。重要的是要意识到，与陈述语气的情况一样，模态祈使句逻辑也不同于简单祈使句逻辑。

论之推论就行了。对于这样一种推论，我已经举了一个例子，并且坚持认为，如果不可能进行这类推论，那么，“全部”这个词在命令中就毫无意义。但是，该类型的推论会产生一个更深刻的难题，因为前提之一包含在陈述句中，而另一个则包含在祈使句中。这个推论是：

把全部箱子搬到车站去。

这是其中的一只箱子。

所以，把这只箱子搬到车站去。

人们可能会问：这两个前提是以不同的语气给定的，我们怎么知道 28
结论将是什么语气呢？前提和结论的语气对推论所产生的影响问题，一直为逻辑学家们所忽略，他们从来没有看到陈述语气之外的东西；尽管他们忽略这一问题毫无道理，但我们又如何着手证实从一组陈述式前提中所推出的结论也一定是陈述句呢？然而，如果像我们所主张的那样，把日常逻辑的蕴涵关系视为语句指陈之间的关系，则该问题就变得十分紧迫了。姑且承认上述三段式推论的有效性理由是：“你把全部箱子都搬到车站去，而这是其中的一只箱子，”这一指陈与“你不把这只箱子搬到车站去”在逻辑上互不一致，但由于逻辑规则支配着“全部”这个词的用法，即便承认这一点，我们又如何知道，我们就不能用一种与上述方式不同的方式来补加一个首肯词呢？比如说，我们可以写成：

把全部箱子搬到车站去。

这是其中一只箱子。

所以，你将会把这只箱子搬到车站去。

我们可以把这一推论称为一有效三段式推论么？显然不能。

让我们先陈述一下两个似乎支配着这一问题的规则，我们可以把这两个规则的证明问题放到后面处理。这两个规则是：

（1）**只要我们不能从陈述句中有效地引出一组前提，则我们就不能从这组前提中有效地引出任何陈述式结论。**

（2）**如果一组前提中不包含至少一个祈使句，则我们就不能从这组前提中有效地引出任何祈使式结论。**

显然，只有第二个规则与我们的探究有关。对于该规则来说，有一个非常重要而明显的例外：这就是所谓“假言祈使句”(hypothetical imperative)，我将在下一章讨论这个问题。然而，眼

29 下让我们对该规则的本义作番考察。对伦理学来说，该规则具有极其重要的意义。只要列举伦理学上的一些著名论点，便可以很清楚地看出这一点。在我看来，伦理学上的这些著名论点都有意或无意地基于这一规则。正如我将在稍后所主张的那样，若我们承认道德判断的功能必定有一部分是规定或引导选择，这就是说，道德判断的部分功能必定蕴涵对“我该做什么？”这类问题的回答，那么很清楚，根据我们刚才陈述的第二条规则，任何道德判断都不可能是一种纯事实陈述。正是间接地基于这一基础，苏格拉底反驳了色法洛斯(Cephalus)把正义定义为“讲真话和以恩报恩、以怨报怨”的做法，也反驳了波利马库斯(Polemarchus)后来对这一定义所作的所有修正。[①] 亚里士多德在他与柏拉图主义发生最具决

① 柏拉图：《理想国》，331C以后。（有中译本，郭斌和、张竹明译，商务印书馆1986年版。）

定性的分裂时也间接地诉诸这一规则，这一分裂就是：他弃绝了善的理念，而在他提出的其它理由中，有一个理由是：假如存在这样一种理念的话，则有关这一理念的各种语句就不会是行动的引导（“它不可能是一种你可以通过你的行动而产生的善”）。[①] 亚里士多德提出了一种“由行动完成的善”或如他通常所说的“目的”，来取代一种事实性的、实存的、可以通过一种超感觉观察来认识的善；这就是说，他已经隐隐约约地认识到：若说某事是善的就是引导行为，就不可能只是去陈述一种关于世界的事实。他与柏拉图在伦理学上的分歧，绝大部分可以追溯到这一根源上来。

再者，在这一逻辑规则中，我们也可以发现休谟关于从一系列的“是”命题中不可能推演出一“应当”命题的著名观点的基础。诚如他正确指出的那样，这一观点“将会推翻全部粗陋的道德体系”，而不仅仅是推翻在他那个时代业已出现的那些道德体系。[②] 康德在反对“作为一切虚假道德原则之根源的意志他律”的论点中，也 30
是基于这一规则的。他说：“如果意志……超出它自身而在其对象的特征中去寻求这种规则的话——其结果永远是他律”。[③] 为什么道德的他律原则是虚假的呢？原因在于：从一系列的关于“其对象的特征”之陈述语句中，不可能推导出任何关于应做什么的祈使语句，因而也无法从这种陈述语句中推导出任何道德判断。

正如我们稍后将会看到的那样（11.3.），在较近时期，这一规

① 《尼可马克伦理学》，1096[b]，第32行。

② 《人性论》，第三部分，第一节（一）。（〔英〕休谟著，关文运译，商务印书馆1980年版。）

③ 《道德形而上学基础》，H.J.帕顿英译本，第108页以后。

则是 G. E. 摩尔教授著名的“自然主义反驳”背后的要点所在，也是
普里查德对拉席多尔（Rashdall）[①]的攻击背后的要点所在。实际
上，普里查德的论点是：某一境况的善性（即他和他所攻击的人都
视为一种关于该境况的事实），本身并不构成我们为什么应当努力
实现这一境况的一种理由；我们还需要他（多少有些误解地）称之
为“祈使性感情或义务感情的那种东西，这种感情是由产生它的行
动之思想所引起的”。的确，如果用许多直觉主义者已使用的那种
方式来看待“善”这个词，则该论点完全有效；因为这样来理解包含
着善这个词的各种语句，这些语句就不是真正的评价性判断，因为
从这些语句中不能推导出任何祈使句。[②] 但是，这种反驳不仅适
用于直觉主义者的“善”理论，而且也适用于所有坚持认为道德判
断只具有事实性特征的人；亦适用于普里查德本人。艾耶尔教授
反驳直觉主义者所使用的一个总的论点就是基于这一基本规则之
上的。[③] 但在所有这些情形中，人们都只是含蓄地诉诸这一规则。
就我所知，明确陈述过这一规则的只有两个人：第一个人是彭加
31 勒，[④]然而，他对该规则作了一种在我看来是不合法的运用，上述
论证清楚地表明了这一点。第二个人是波普尔教授。[⑤] 波普尔教

① 《道德义务》，第 4 页。

② 请参见 W. K. 弗兰肯纳所提出的类似的观点。[其文载于]P. 席尔普编：《G. E. 摩尔的哲学》一书，第 100 页。

③ 《论道德判断的分析》，见《哲学论文集》，第 240 页。

④ 《最终的思想》（*Derniéres pensées*），第 225 页。

⑤ 《逻辑能为哲学做些什么？》（What Can Logic Do for Philosophy?），载《亚里士多德联合会会刊》（增刊），卷 xxii（1948 年），第 154 页；参见《开放的社会》一书，第二章，第 51 页以后。

授正确地把这一规则称为“也许是关于伦理学的最简单而又最重要的要点”。在没有更进一步的祈使前提的情况下，如果一个判断没有提供做某事的理由，它就不是道德判断。

三、推论

3.1.在一种有效推论的结论中，只有在该推论的诸前提中至 32
少有一个祈使句的情况下，才可能出现一个祈使句。我们可以通过诉诸一般逻辑考察来确证这一规则。因为，现在人们一般都认为，由于有这样一种规定（先大致地谈一下）：即任何没有隐含在诸前提的关联之中的东西，不可能出现在一种对其意义本身之有效演绎推论的结论之中，故上述规则真实可信。由是推出：若结论中有一祈使句，则不仅必定有某祈使句出现在诸前提之中，且该祈使句本身也必定隐含在这些前提之中。

由于这些考察与道德哲学有一种广泛联系（bearing），所以，我们也将给予它们以更详细的解释。现在，已经很少有人像笛卡尔那样，认为我们可以通过从自明的第一原理之演绎推理（deductive reasoning），达到关于经验事实问题的科学结论，就像对血液循环的推演一般。[①] 维特根斯坦和其他一些人的研究，已经在很大程度上表明了这种做法为何不可能的原因。有人已经论证过，所有演绎推论都具有分析性品格，在我看来这一论点颇有说服力。这也就是说，一种演绎推论的功能，不是从前提中推出不为

① 参阅《方法论》，第四部分。（〔法〕笛卡尔著，王太庆译，商务印书馆 1981 年版。）

前提所隐含的“某种额外的东西”[即便这是亚里士多德的意思(2.4.)],而是将隐含在诸前提之关联中的东西明确化。人们已经揭示出,这是从语言的性质推出的必然结论。因为,正如我们业已注意到的那样,我们谈论任何事情都必须遵守某些规则,而这些规则——尤其是那些使用所谓逻辑词的规则,当然不仅限于这些规
33 则——意味着:首先,说一种有效推论的前提中的东西,至少是说它包含在该推论的结论之中;其次,如果我们所说的任何东西包含在结论之中,但没有含蓄或明确地包含在前提之中,则该推论就是无效的。除非我们承认该推论的有效性,否则,就不能说我们充分理解了前提和结论的意义。因此,假如某个人自称他承认:全部人都是要死的,并承认苏格拉底是一个人,但却拒不承认苏格拉底必死;那么,正如人们有时提议的那样,正确的办法可能并不是去指责他患有某种逻辑半盲症(logical purblindness),而是对他说:“你显然不懂‘全部’这个词的意思,因为,倘若你懂这个词的意思,你原本就该知道如何进行这种推论。”

3.2.然而,我们刚才所阐发的这一原则并不十分普遍,故不足以概括全部情况。比如说,“x=2”蕴涵着“x^2 = 4”,但我们并不能很自然地说,在后一表达中没有说到任何在前一表达中没有含蓄说到的东西;因为后一表达包含着“平方”的符号,要理解“x=2”,并不一定要知道任何关于这种符号之意义的东西。因此我们必定会说,在这个结论中,一定没有谈到任何没有含蓄或明确在前提中谈到的东西,**除了那种可以只靠各种术语的定义而附加的东西之外**。这一限定条件对于祈使句的逻辑来说是重要的,因为正如我已经警告过读者的那样,还存在一种可为一组纯陈述句前提所蕴

涵的祈使句结论，这就是所谓“假言式”祈使句。必须指出，在此意义上，并非所有包含假言从句的祈使句都是“假言式的”。比如说，“如果任何陈述都不为真，则不要做陈述”这一语句就不是“假言式的”，它与传统意义上所使用的“假言式祈使句”表述不同。什么是“假言式”祈使句呢？最好我们还是通过例子来弄清楚这个问题。此问题异常复杂，以至于我无法作充分的论述，但做一些解释还是必要的。

试考察下列语句： 34

> 如果你要去牛津最大的杂货店，就请去格林布利·休斯杂货店。

这一语句似乎是从下列语句中推论出来的，而且它无外乎是说：

> 格林布利·休斯杂货店是牛津最大的杂货店。

在这里，首先需要解释的是“要”(want)这个词的特性(status)。它所意味的并不是和“受一种被认作是欲望感情之可认识状态的影响”相同的意思。如果我是某一宗教团体的首领，可以颁布完全克制所有欲望的禁令，那么，我就不能对一个新皈依宗教的人说：“如果你有去牛津最大杂货店的欲望，就去格林布利·休斯杂货店。”因为这样说违反了教规。但我完全可以说：“如果你要去牛津最大杂货店，就去格林布利·休斯杂货店。”因为这只是想要传达格林布利·休斯杂货店乃最大杂货店这一信息。在此，“要”(want)是一个逻辑词，正如我们将会看到的那样，它只代表从句中的一个祈使句。这还只是许多令人困惑的问题中的一个问题，产生这些困惑的原因是，人们讨论含有“要”这个词的语句时，似乎总

认为这些语句描述的是心理状态(1.3.)。

现在,让我们对下列语句作一比较:

如果全部骡子都是不孕的,则此种动物就是不孕的。

这一语句为“此种动物是骡子”所蕴涵。要作出这种推论,我们就只有了解“全部”和其它所使用的词的各种意义才行。我们必须注意到:这一推论之所以有效,是因为另一更简单的推论有效,即:

全部骡子都是不孕的。

该动物是一匹骡子。

故,该动物是不孕的。

我们可以将该推论的大前提从原来的位置上移走,并将它补充到包含在一假言从句之中的结论里,如此便可得一较为复杂的推论形式。

35 我们也可以用同样的方式来处理下列推论:

去牛津最大的杂货店。

格林布利·休斯是牛津最大的杂货店。

故去格林布利·休斯杂货店。

然后再将其变为:

格林布利·休斯是牛津最大的杂货店。

故,若去牛津最大的杂货店,就去格林布利·休斯杂货店。

在英语中,我们还可以用这样一种形式写出该结论:

若你要去牛津最大的杂货店，就去格林布利·休斯杂货店。

要做出这种推论，我们只有了解“要”和该结论中使用的其它词的各种意义才行（包括祈使句的动词形式）。

另一个例子是：“如果你要弄破你的车胎，就继续像你此时此刻这样开车吧。”在此，完整的推论应该是：

做一切将有助于弄破你车胎的事情。

继续像你此时此刻这样开车将有助于……

故，继续像你此时此刻这样开车。

此例中的说话者为了用一种强调方式吸引读者注意小前提的真实性，便指出驾驶者现在的开车方式，这可能是从该推论的小前提和大前提中推论出来的一个有效结论，而听者显然不接受这些前提。在此例中，引进了“有助于某一目的的手段”这一概念，而在前例中则不必出现这一概念。

与此相关的其它表述形式是：

刹住火车，拉下链条。

慢慢开，否则你就会撞车。

不按时加润滑剂，你的小车会减少一半寿命。

这三个语句之间有一种鲜明对比。第一语句就链条是否实际被拉
下来这一问题而言，乃是中性的，这就是为什么非要加上“不合理 36
驾驶就要罚款五镑”这句话的道理所在。第二语句不是中性的，它具有一种强烈的意味，表示一种简单明了的、非假言式的祈使句：

“慢慢开”，而“否则”则可以用“因为，如果你不慢慢开”取而代之。第三语句则是一古怪的语句，就像“若你要弄破你的车胎，就继续像你此时此刻这样开车”这一语句一样，它是讽刺性的，实际有不同意“不按时加润滑剂”这一从句的意图。这句话实际上取自一则广告，只是省略了商标名称。

就一祈使句是假言的而言，它具有着和一价值判断可能具有的大致相同的描述力量（7.1.）。理解或提供这种假言式从句，就像了解人们正在运用的价值标准一样。在实际不包含“如果”从句的个别情形中，很难说究竟在何种程度上可以把祈使句作为假言式的处理。我们切莫假定所有非道德祈使句都是假言式的，因为这远不真实。机器的操作说明是一个有趣的限制实例。我们可以说“插上插头，便可提供所标示的电压”是假言式的么？而且，我们非要理解“在不一定需要昂贵修理的情况下，你是否需要用你的真空吸尘器清扫地毯”这句话不可么？这种问题很难回答。在不了解操作说明意图的情况下，我们当然可以理解并遵守这些说明。这一情况表明，不是说假言祈使句与非假言祈使句之间不存在任何差异，而是说这种差异的界限很难划分。

说假言祈使句是“真正的陈述句”，恐怕会引起误解。但它们的确具有描述力量，且为陈述句所蕴涵。但是，尽管“$x^2=4$”为“$x=2$”所蕴涵，然则，我们却不应该说前者不是一个真正的二次方程式。首先，这对于某一个不知道“平方”这一符号之意味的人来说，
37 可能难以理解。而且，这一符号在此并没有一种不同于它的其它用法的特殊意义。同样，“如果你要去牛津最大的杂货店，就去格林布利·休斯杂货店”这一语句也不是一个陈述句，它对于某个已

经了解陈述动词形式的意义但不了解祈使动词形式的意义的人来说，也同样会不可理解，而后者在这一语句中并没有一种特殊意义。康德已经提出了描述这一问题的最佳方式：在一假言祈使句中，祈使的因素是分析的（“愿意作为目的的人……也愿意作为手段”），因为这一祈使句分为两部分，即是说，祈使句的这两部分互相消除了对方[的祈使因素]。该语句为一祈使句，但作为祈使句，它没有任何内容，其所具有的内容是陈述句小前提的内容，而它正是从这种陈述句小前提中推导出来的。[①]

关于假言祈使句这一主题，我们在此不能进一步探讨，但对该主题的深入研究，我们尚可提出两个建议：其一，在假言祈使句中的“如果”，具有一种与它在“如果任何陈述都不为真，则不作此陈述”一类语句中所具有的多少有点不同的逻辑特征。如果我们把后面这一语句分析为指陈和首肯，在我看来，这里的“如果”就会进入指陈之中，因而整个语句就可以转换为：

在任何陈述都不为真的情况下，请勿作此陈述。

或者因此转换为：

请勿作不真实的陈述。

但是，在一个严格意义上的假言祈使句中，“如果”从句本身就包含着一种祈使性首肯，它隐藏在“要”这个词之中。然而，我们不能肯定怎样才能对这些语句作最佳分析，但我倾向于认为，对不同的假言祈使语句，应根据其“假言式”究竟有多充分来用不同方式给予

① 《道德形而上学基础》，H. J. 帕顿英译本，第84—85页。

38 分析。如果断言因素被完全淹没——就像在“如果你要弄破你的车胎，就继续像你现在这样开车”这一语句中那样，那么，一种元语言学的分析将颇具诱惑力：

> “像你现在这样继续开车”这一命令，是从一真实小事实前提和大前提（你显然不会认同这一大前提）“做任何有助于弄破你的车胎”中推论出来的。

但是，这个问题还只是一个更广泛的问题之一部分，后者也就是关于假言语句的一般分析问题，它至今仍非常模糊。

第二个建议是：深入研究假言祈使句与价值判断之意义中的描述因素之间的关系将大有裨益。刚才提出的第一个建议——即我们可以对某些假言祈使句进行元语言学分析，与我稍后将称之为价值判断的“引号”用法（7.5.）显然有一种关联。所以我可以蛮有把握地预言：我们将会发现，假言祈使句在逻辑上与价值词的描述性用法一样微妙、灵活、丰富多样。

3.3. 但是，让我们先放下这一难题，返回到笛卡尔这里来。我在本章开头所概括的关于推论的各种考察意在表明，无论是在科学上，还是在道德上，一种笛卡尔式的程序从一开始就注定要失败。倘若我们想借助于任何科学得到关于事实问题的实质性结论，那么，如果其方法是演绎的，这些结论就必定隐含在前提之中。这意味着，在我们充分理解笛卡尔第一原理的意义之前，就必须了解这些意义（仅仅是附加了一些术语定义而已）所蕴涵的各种命题，诸如全部骡子都是不孕的；人的心脏在他身体的左侧；或太阳离地球如此遥远；等等。但是，如果所有这些事情都隐含在第一原

理之中，那么，我们几乎就不能把第一原理称之为是自明的。至少，我们可以通过观察部分地发现类似的事实，而无须用相当的公 39
理推理来代替观察。人们已经对纯数学的地位进行了大量的讨论，但至今仍然模糊不清，我们似乎最好是把纯数学公理和逻辑公理视为在这些公理中所使用的各个术语的定义。但无论如何，我们在很大程度上仍可以说，若某一科学旨在告诉我们像上述所列的那些事实，则它就不能像纯数学那样完全建立在演绎推理的基础上，将性质完全不同的各种研究等同于纯数学，正是笛卡尔的错误所在。

无论是以纯数学形式，还是用逻辑形式，演绎都无法取代观察。但我们并不能从这一事实中推出如下结论：即认为演绎因此完全无用，它只能作为观察的一种附属物。只有当我们能够进行演绎时，科学中使用的词语才是有意义的。“天平上只有三克重量”这一语句，对于任何不能从该语句中推论出“天平上有一克重量、还有一克、再有一克，但再没有了”的人来说，是毫无意义的，反之亦然。

在伦理学中，我们满可以作同样的考察。过去所提出来的许多伦理学理论，从性质上说都可以公正地称之为“笛卡尔式的”。这就是说，它们都试图从某种自明的第一原理中，推演出各种特殊义务。在它们的各种前提中，常常也容许事实性观察存在，但是，尽管这使得那些理论不完全是“笛卡尔式的”，却并不影响我上述论点。道德中的笛卡尔程序如同科学中的笛卡尔式程序一样，都是虚幻的。正如我稍后将要表明的那样，如果我们认为，一个真正的评价性道德推理必定具有作为其终结产物的一种“如此这般行

动”的祈使句形式的话，就必然推出如下结论，即它的各种原则必定是这样一种形式：从这些原则中，我们可以在其与事实小前提的关联中推演出“如此这般行动”一类的特殊祈使句。比如说，若某一道德体系责令我不要说这种虚假的特殊事情，则该道德体系的
40 原则就必定或明或暗地包含一祈使句，以表示在我现在所处的这类环境中，不应该说这种假话。同样，这些原则也必定包含那些在所有环境中——包括可以预见的和不能预见的——能调节我的行为的其它祈使句。但显而易见，这样一组原则不可能是自明的。认同一种像“永不说假话”这样非常一般的命令，比之于认同“不要说这种虚假的特殊事情”这一特殊命令更不容易、更难，如同采纳“全部骡子都是不孕的”这一假说，要比承认“这头刚死的骡子没有怀孕”这一毋庸置疑的事实更为困难和危险一样。一个永不说假话的决定，预先就包含着一个有关大量个别情况的决定，只有通过关于这些个别情况的信息，我们才能确定它们全都是说假话的情况。当然，想避免使我们自己做这种永不说假话的承诺，并非一种可以反驳的诡辩术。当我们已经有做出这种决定的经验时，最终也可能会发现我们自己能够接受这种一般原则，这一点确实无疑。但是，假设我们第一次面临着“我现在该说假话吗?”这一问题，而又没有我们自己的或别人的以往的决定来指导我们时，我们该如何决定这一问题呢？我们肯定不能从“永不说假话”这样一个自明的一般原则中推论出我们的决定。因为，假如我们甚至在这种特殊情况下都不能决定是否应该说假话，又怎么可能在无数的情况下决定是否应该说假话呢？因为，除了知道它们都是说假话这一点外，我们对这些情况的细节全然无知。

我们可以用另一种方式来说明同一论点。若一命题蕴涵另一命题,则对第二命题的否定也蕴涵对第一命题的否定,此乃业已确立的一条逻辑原则。另一个更强一些的类似原则也有效,该原则是:若我知道一命题蕴涵另一命题,而怀疑对第二命题的认同,实 41
际上也就怀疑对第一命题的认同。例如,若我知道“全部骡子都是不孕的,而这是一头骡子”这一命题蕴涵着“这头骡子是不孕的”命题,则也就可以推出:若我怀疑对“这头骡子是不孕的”命题的认同,也就必定会怀疑对“全部骡子都是不孕的,而这是一头骡子”这一命题的认同了。而且这意味着:我必定或是怀疑“全部骡子都是不孕的”,或是怀疑“这是一头骡子”。现在,如果我们将一种与此完全相似的推理应用到说假话的情况之中,就会得出下列结果。因为根据假设前提,我怀疑是否该作这种假陈述,我就必定会怀疑对“不要作假陈述”这一命令的认同。但如果我怀疑这一命令,我实际上就必定或者是怀疑“这种陈述是假的”这一事实前提(而这一选择已根据假设前提被排除了),或者是必定怀疑“永不说假话”这一祈使句前提。由此可知,任何有助于我们决定那些我们所怀疑的问题之一般原则,都不是自明的。

我们还可以用另一种方式来表明“笛卡尔式”道德体系的不可能性,这一方式与我们刚才解释的那种方式有着密切关联。称某一命题是自明的,此为何意?人们根本不清楚,而说一般行为原则是自明的,就更不知其意了。如果说,在某种意义上这种原则是不可否认的,那么在我看来,这只可能是因为这样两个原因中的一种原因。其一,人们可以说,若否认这种行为原则本身**自相矛盾**,则不可能否认该行为原则。但假如对某一原则的否认自相矛盾,也

只能是因为这一原则是分析的。而如果它是分析的,它就不可能有任何内容,也无法告诉我去做某事而不做另一件事。对于“分析的”这一术语,我们将会在大量场合使用,我们可以充分精确地将这一术语定义如下:当且仅当某一语句或者(1)某一个人对它的否认这一事实是说他误解了说话者的意思之充分标准时,该语句才
42 是分析的;或者(2)这一语句为某个在(1)的意义上是分析的语句所蕴涵时,该语句才是分析的。我们可以把一个不是分析的或自相矛盾的语句称之为综合的。当然,这些定义并不准确,但对“分析的”与“综合的”意义之充分讨论,已超出了本书范围。

其二,人们可以提出,在对某一行为原则的否认只是一种心理上的不可能性这一意义上,否认这一行为原则大致是不可能的。但是,至于什么是或不是一种心理上的不可能性?却是一个偶然的问题。对于*我*来说,否认某一原则可能是一种心理上的不可能性;但对于心肠较硬而老练的人来说,或许能毫无困难地摈弃这一原则。我们可能永远找不到任何理由来主张任何人都不会否认某一原则,除非这一原则是分析的。而且,否认某一原则的心理上的不可能性,可能是一种关于人们心理构成的事实,而从一事实中,或者是从根据这一事实的陈述语句中,无法推导出任何祈使句。

有时候,人们也仔细讨论过第三种解释,这种解释依赖于价值词的引进。有的人可能会提出,尽管摈弃某一原则在逻辑上和心理上都有可能,摈弃它却可能不是*理性的*(一个有理性的人是不可能摈弃它的)。有时我们用一些别的词语来代替“理性的”,诸如“一个有道德修养或道德教养的人”,或“一位能干而公正的法官”。这些都是价值词语。因此我们不得不问:“决定一个人是否属于这

类人的标准是什么呢?”很清楚,我们不能说对这一原则的摈弃本身就是摈弃该原则者不具备这些资格的证据。因为在这种情况下,我们的自明性标准可能是循环式的。因此,必定存在某些发现一个人是否是有理性的其它手段。但一个人是否有理性这一问 43
题,必定或是一个事实问题,或是一个价值问题(抑或是两者的结合)。若它是一个纯事实问题,则不能从下述事实前提中推出祈使句结论,诸如,“某某是有理性的”;“某某发现摈弃这一原则是不可能的……”。但若它完全或部分是一个价值问题,则或者我们对它的回答在某种意义上是自明的(在此情况下,我们的自明性标准又可能是循环式的了),或者在我们的推理中至少有一种因素既不是事实性的,也不是自明的。因此,必须排除这第三种可能性。

从这些考察中可以推知,如果一般道德原则的功能是调节我们的行为,也就是说,这种原则的功能是在与陈述句小前提的关联中蕴涵着对“我是否应该做这件特殊事情?”这种形式的问题之答案,那么,这些一般道德原则就不可能是自明的。倘若人们接受这种有关道德原则之功能的观点(稍后,我将对这种观点提出若干理由加以说明),那么,这种观点也就提供了对绝大部分伦理学理论的一种决定性反驳。比如说,假设我们发现,有位哲学家告诉我们:应当永远做我们的良心吩咐我们去做的事情,这一点是自明的,我们必须回答他:因为我们常常怀疑是不是该做某种我们的良心吩咐我们去做的事情,所以,这个一般原则(我们应当永远做我们的良心吩咐我们去做的事情)不可能是自明的。而且,即令我们从不怀疑这个一般原则,也可能只是一种有关我们心理的事实,而从这一事实中,不可能推出任何祈使句结论。在我们所选择的这

个例子中，我们当然必须把“良心”当作为一可识别的心理事件的名称来看待。如果我们把它视为一价值问题，即某一心理事件究竟是真正的良心呢，还是一个假借良心之声的魔鬼？则很显然，有关这种原则的问题还有待下段分解。

这类一般类型的伦理学理论通常以一种计策去隐藏它们的谬误特征，对于这种计策，我们可在此简单提及一下，尽管在讨论价
44 值词的逻辑之前，我们很难充分理解这一计策。假如这种为它们所拥护的一般原则包含一价值词，我们就可以把它视为分析性的，使之呈现为自明的；尔后，当同一价值词出现在事实性小前提中时，我们又可以把它视为仿佛是描述性的。比如说，我们可以先宣称我们应当履行我们的义务这一原则是自明的（因为它是分析的），然后再论证我们可以通过某事实的发现过程（fact-finding process）来确定我们的义务是什么（例如，通过征询一种被称为义务感的能力，或通过看一看在我们这个社会里，究竟什么样的行为才适用于“义务”这个词，然后把这类行为称之为义务行为）。根据这一论证，我们似乎可以只基于“人们应当履行其义务”和“A 是我的义务”这样两个前提——前一个前提是自明的，后一个前提是事实性的——来达到“我应当做 A 这一特殊行动”的结论，并由此得出“做 A”这一祈使句。但“义务”是一个多义词。如果“义务”是一个价值词，那么，仅仅靠征询词的用法，或单靠我们是否有某种心理反应，且只靠做出一种道德决定，我们无法决定什么是我们的道德义务。另一方面，如果“义务”不被视为一个价值词，而是把它视为一种“我对之具有某种心理反应的”或“在我的社会里，‘义务’这一名称被普遍应用于其中”的意义，那么，“人们应当永远履行其义

务”这一原则就不可能是自明的。

3.4.所有这一切的结论都相当令人惊异。在前一章中，我曾提出一些理由支持下述主张，即：如果把道德体系的原则视为纯事实性的，那么，任何道德体系都将不能履行其调节我们行为的功能。在本章中，我已经证明，任何宣称建立在自明性原则基础上的道德体系，也无法履行这种调节行为的功能。如果这两种观点为人们所接受，它们之间的这两种论点之争，就处置了差不多所有为
休谟称为“粗陋的道德体系”的理论。对于那些只是在表面上研究 45
伦理学作家的人来说，绝大多数伦理学作家似乎还真实可信，但我们可以表明，这些伦理学作家都具有这些缺陷中的某些缺陷。只有少数几位伟大的伦理学作家是例外，诸如亚里士多德、休谟和康德，尽管我们也不难在他们著作的某些地方找到这些缺陷的痕迹，然而，倘若我们用正确的方式来研究他们，就可以看到他们的主要学说避免了这些缺陷。但是，现代逻辑研究的首要结果，是使一些哲学家失去把道德当作一种理性活动的信心，这并不使人感到惊奇。

本书的目的正是要表明，他们的绝望为时尚早。但上述论证的诸种结果是如此之惨，以至于人们完全可以质问：“难道你不是从一开始就宣布不可能解决这个问题吗？难道你的论证中就没有什么纰漏么？就没有某种被过分严格贯彻的两分性和某种被过分烦琐解释的标准吗？难道我们就不能通过稍微不严格一些的做法，来拯救某些东西使其免于灭顶之灾吗？”尤其是，人们肯定会对我使用“蕴涵”一词有异议。有的人可能会坚持认为，在“蕴涵”一词的严格意义上，尽管我确乎已经表明，道德判断和祈使句不能为

事实性前提所蕴涵，然而，在道德判断和祈使句与事实性前提之间，却存在某种比蕴涵更为松散的关系。比如说，S. E. 图尔闵（S. E. Toulmin）先生就如是观焉。他说：

> “伦理学论证，部分由逻辑的（论证性的）推论所组成，部分由科学的（归纳的）推论所组成，部分由伦理学论证特有的推论形式所组成，而通过伦理学论证，我们就经由事实性的推理而达到一种伦理学结论——我们可以很自然地把这种伦理学结论称之为‘评价性的’推论。”[①]

因为我在其它地方（如，在图尔闵的书评中[②]），已经讨论过他关于这种学说的独特见解，这种见解避免了我将提醒人们注意的那种最粗疏的错误，所以，在这里我只对这种探讨问题的方式作些一般性评论。

46 让我们先简单回顾一下这种理论的历史。我认为，我们可以在证实主义学派对那种把伦理学作为哲学的一个分支的做法的攻击中，很清楚地发现这类理论的直接起源。该理论意在表明下述观点，以使伦理学免于这种攻击，该观点是：道德判断毕竟是善的经验命题，只是它们的证实方法与日常事实陈述语句的证实方法有所不同，且有些不如后者那么严格而已。因此，它们的确可以从事实观察中推论出来，只是用一种较不严格的方式来推论罢了。

然而，这一纲领从一开始就设想得不对头。无论陈述与事实

---

① 《理性在伦理学中的地位》（*The Place of Reason in Ethics*），第 38 页。（引者所注书名为省略名，译者将其全名译出）

② 见《哲学季刊》（Philosophia Quarterly），第一期（1951 年），第 372 页。

的联系多么松散，它都无法回答“我该做什么？”这种形式的问题，唯有命令才能回答。因此，如果我们坚持认为，道德判断无外乎是不严格的事实陈述，就将使道德判断无法履行其主要功能。因为它们的主要功能是调节行为，而只有把它们解释为具有祈使力量或规定力量，它们才能调节行为。由于我在此并不研究道德判断本身，所以，我将留到稍后在讨论“道德判断的规定力量是如何与它们正常具有的描述功能相联系的？”这一问题时一并加以讨论。在此，我所关注的是一个更为基本的问题：即何种推理能够最终回答“我该做什么？”这种形式的问题？很显然，在我们澄清这个更基本的问题之前，我们无法对道德判断之规定力量发表多少见解。在这里，只需说明为什么描述不是且永远不可能是规定的理由，尽管我们可以在同一判断中把规定和描述结合起来。换言之，我将提出一些理由以证明如下主张，即：无论借助何种推论（不管这些推论是多么不严格），我们都无法从一组在任何情况下也不含蓄地包含一种祈使句的前提之中，获得一种对“我该做什么？”这一问题的答案。

3.5. 我的理由有三点：第一，以为可以从纯陈述句前提中推导
出一种祈使句结论的主张，会导致把实体问题表述为仿佛它们是 47
语词问题的后果。就此而言，回忆一下卡尔纳普教授有关物质规律的见解中所犯的类似错误，是很有趣的。卡尔纳普曾经主张，通过把合适的推论规则纳入到他所谓的 P 语言（即一门科学的语言）之中，就可以单凭其形式证明该科学的陈述为真；这样说也就是把这些（科学的）陈述与人们正常称为分析的陈述同化起来——尽管卡尔纳普本人把这些分析的陈述称之为综合的陈述，并在一种特

殊意义上使用“综合的”这个词。[①] 可以说，这似乎是表明我们怎样才能把科学真理说成是必然的一种简洁方式，而且也因此解决了极为麻烦的“归纳问题”。但如果我们问“这些特殊的推论规则是什么？”则必定会出现这样一种回答：它们无外乎是以一种伪装出现的科学规律。因此，倘若我们有这样一种推论规则，它可以使我们能够从“这是一头骡子”开始，进而推论出“这头骡子是不孕的”，那么很显然，我们的推论规则只是以一种新的方式，陈述“全部骡子都是不孕的”这一老规律而已。于是，问题便产生了：“把一种科学规律作为仿佛是一种推论规则来处理，这合适吗？”人们会很自然地说，这不合适。因为，诚如前面提及的波普尔教授的著作已经清楚表明的那样，我们可以证明，日常逻辑推论的规则依赖于逻辑词的定义（2.4.注释）。比如说，我们可以从“全部骡子都是不孕的，而这是一头骡子”这一语句中，推论出“这头骡子是不孕的”，但这只是“全部”这个词的意义之一部分。因此，如果我们要把科学规律与推论规则同化起来，我们就必须表明，科学规律同样也是从所使用的词的意义中推导出来的；比如说，我们就必须表明为什么可以经由“这是一头骡子”而达到“这头骡子是不孕的”这一推论与“骡子”和“不孕的”这些词具有某种联系的缘由何在。但这样说
48 又犯了约定主义（conventionalism）的过失，（尤其是）冯·赖特教授的著作已经表明了约定主义的各种缺陷。[②] “全部骡子都是不孕的”这一语句告诉我们的，不是关于词语的事情，而是关于世界

---

① 《语言的逻辑句法》(*Logical Syntax of Language*)，第184—185页。

② 《归纳的逻辑问题》(*Logical Problem of Induction*)，第三章。

的事情。因此，我们不能把这一语句视为一种定义，也不能视为某种可与逻辑推理规则相类比的东西。与这一语句有点相似的定义，也只是亚里士多德所说的那种“实际的”定义（“real” definition），或者只能算作这种定义的一部分，其大意是，骡子是不孕的——实际上——是骡子的一种属性。所以，即便是约定主义者，也未必会承认这种定义。如果约定主义者们想要做他们需要做的工作，他们的定义和推论规则也必须被看作是这一意义上的“实际的”定义。

与此相似的是关于行为的见解。我所攻击的这种观点主张，通过掌握特殊的推论规则，我们就可以说，从一组陈述句前提到一种祈使句结论的各种推论都可以存在。如果我们问：“这些特殊的推论规则是什么？”很显然，它们不外乎是以一种新的伪装出现的旧行为规则而已。在那种旧配方下表现为一种祈使句大前提的东西，又重新在新的配方下表现为一种推论规则。我所提示的这种用来决定这两种解决问题的方式之优点的标准和以前还是一样的。让我们举一个例子。假设我说：“别这么说，因为这是假的。”我们是应当把这一论点表述如下呢：

S是假的，

故，别说S。

还是应当加上“永远别说假话”这一祈使句大前提？倘若为后者，那么，根据日常逻辑规则，这一推论是有效的；但若是前者，我们就须得有一种特殊推论规则，而该规则恰恰就是这种以另一资格（capacity）出现的祈使句大前提。我们在这些选择中选择哪一种

要紧么？倘若我们关心的是把下述两个方面区别开来的话，那当然是要紧的：一方面是关于我们行为的一般原则，这些原则是有内
49 容的，明确告诉我们去做或禁止我们去做某些事情；另一方面是各种逻辑规则，它们不是为了使我们正确地行动，而是为了使我们正确地谈话和思维；如果我们相信波普尔，也可以说它们不是关于行动的，而是关于所使用之词的意义的。

此论证同样对那种把行为规则还原为价值词定义的理论不利。因为在此情况下，关于人们应该如何行动的各种争论也会变成纯粹的语词争执。假设我和一个共产主义者正在争论有关我是否应该做某一行动 A 这一问题。又假如，按他的原则，我不应当去做 A；而按我的原则，我应当去做 A。我现在正在抨击的这种理论之某一位拥护者可能会按如下方式来处理这种争论：每一争论者都有他自己的证实“我应当在这些情况下去做 A”这一语句的方式，而且，这些方式各不相同。因此，为了避免这种争论，对我们来说，更好的方式是用两个不暧昧的术语去代替那个暧昧的术语。比如说，这位共产主义者就应该把“应当(1)”这一术语用于他的证实原则所支配的概念；而我则应该把“应当(2)”这一术语用于**我的**概念。但是，关键在于**存在**一种争论，而不只是这位共产主义者与我之间的一种语词误会。我们对于我应当去**做**(而不是去**说**)什么这一问题各执己见，倘若他说服了我，我的行动就将与假如我没有被说服时的行动有本质区别。

3.6. 我反对这种探究方法的第二个理由是，如果一个人要把不严格性(looseness)引进我们关于行为的谈话之中，也要弄清楚这种不严格性存在何处，而我本人对于这种主张究竟其意何在也

远不清楚。姑且让我们接受这种论点：只要我们乐意，便可自由地将“永不说假话”这类原则视为推论规则。这样，我们不得不问：这些推论规则又在哪些方面不同于日常逻辑规则呢？对此，我已经作出了我本人的回答：它们之间的不同与科学规律和逻辑规则之间的不同是一样的，因为它们是关于实质性问题的，而不是关于语 50
词的——尽管在此情形中，实质性问题并非事实问题，而是关于我们应该做什么的问题。但我所批判的这种理论却对此作出了如此回答：这些推论规则*不及*逻辑规则*那么严格*。因此，如果我说“这是假的，但说它吧”，我与我自己并*没有矛盾*，而只是违反了那种较不严格的规则，该规则推论大抵是这样的：

S是假的，

故，别说S。

这种推论“一般”是有效的。我们可以赞成这样一种处理问题的方式，但得提出这样的诘难：我们的确是常常说“别说S，因为它是假的”，这大概是基于刚才所说的那一推论之上的，但它并非一种严格的蕴涵关系。因为，如果我说“S是假的，但说S吧”，人们通常并不会说我与我自己自相矛盾。

因此，我们不得不探究一下，说一种规则“一般”有效，而非普遍有效，这意思究竟何在？说“永不说假话”是这类规则大概很容易为人们所理解，因为实际上，我们的确认为，在大部分情况下遵守这一规则是正当的，但我们同时也认为，在例外情况下违反这一规则也属正当。例如，出于策略考虑、为了战争的胜利或者是为了使无辜的人民免遭疯狂屠杀，说假话也是正当的。现在，我们可以想到，至少在两种情况下，某一规则或原则可能不完全严格。其一是，某一规则规定人们应在某种确定的情况下做出某种确定的行动，而人们却理解为在绝大部分情况下这样做就足够了；只要例外情况在总的情况中所占比例不太大就是允许的。如，大学生在校的每个学期请假不得超过一周这一原则，便是上述原则的一个例子。显然，一个学生偶尔请一两次假，他平日的勤奋也堪称楷模，但他却超过了假期，甚至超过了一周，我们也会认为这
51 无伤大雅。但是，如果他每周都请假，甚至大部分时候都是如此，那大概就有严重问题了。很清楚，不要说假话这一原则并不具备这一特征，因为我们不能说“你偶尔说假话没有关系，只要你不太经常就行”。

第一类不严格原则的显著特点在于，它的例外只限于数量，并不由其它条件决定。假如那位大学生不是经常请假，则他是在这一星期请假，还是在另一星期请假，就无关紧要了。所以，何时做出与不得请假超过一周的假这一原则例外的决定——假如这些例外不太多的话，就全待他自己决定了。而且，他决定在这周请假而不是在另一周请假，这种决定对上述原则的限制没有什么影响，因为他的决定并不是要开创一种前所未有的游手好闲的先例。故此，我们可以说，这一原则相对于其例外情况而言是静止的。

与此殊为不同的还有另一种“不严格的”原则，“永不说假话”便属此类。在这里，例外情况并不为数量限额所限制，而是为特殊事例的独特性所限制。我们不能说：“一般来说要讲真话，但如果你偶尔在某一方面说了假话也没关系”；相反，我们说：“一般来说要讲真话，但在**某些**情形下，可以不拘此原则。比如说，为了救人，

你可以说假话，而且还有一些例外情况是你必须学会识别的”。这种原则与第一种原则就颇为不同。确实，在这里，个别情况下的行为也有待行为者自己做出决定。他不得不定夺是否做出例外的决定，但他所定夺的却殊为不同。那位正在决定是否请假的大学生，并不一定问他自己这是否应当作为例外情况来处理。对于第一种原则来说，不存在什么例外情况的诸种类型，而只有例外，这些例 52
外与那些遵守原则的情况并无特殊的意义区别。但是，就“不说假话”这一原则而言，在决定是否做例外行动时，我们不必去想“我最近是否违反了这一原则？”而是得想想“有关这种情况，有没有什么事情使之与一般情况有所不同，以使我应当用这种方式将其归于一种特殊情况之列，从而将它作为例外情况处理？”因此，按照这种原则，即便是例外情况，也是我们称之为原则决定的事情，因为在做决定的时候，我们实际上就在修改着这一原则。所以，在例外情况与原则之间存在一种动态关系。

由此可以看得很清楚：如果我们把第二种原则作为不严格的原则来加以谈论的话，就会产生严重的误解。人们一般都把行为上的不严格性视为一件坏事，假如哲学家们散布行为原则是不严格的这一思想，那将是很危险的。因为我们不能期望普通百姓很好地区别究竟在什么意义上这些原则被称之为不严格的。他会很自然地认为，这些原则和第一种原则一样，因为它们是不严格的，所以他就不必总是尽力去遵守它们，只要常常遵守，足以保住面子就行了。但是，在此意义上，我们的行为原则确乎像绝大部分的技术原则一样，绝对不是不严格的。它们之所以有例外情况这一事实恰恰不是一种本质上不严格性的标志，而是我们想尽力使之严

格化的标志。因为，我们允许有各种例外情况的所作所为，本身就是使这种原则更为严格，而不是使它更为松散。假设我们从永不说假话的原则开始，却又把这一原则视为临时性的，并认识到可能会有些例外情况。然后，假设我们决定将战争期间欺骗敌人这一说谎情况作为一种例外。此时此刻，永不说假话这一原则就成了
53 “除了在战争期间欺骗敌人之外，永不说假话”。当这一例外被明确说明并包括在这一原则的行文之中时，这一原则较之它以前不是更松散了，而是更严谨了。以前是例外的可能性悬而未决，要由我们自己作出决定，现在则划定了范围，这一原则规定了在哪些情况下我们可以说假话。

以上简单说明了可以如何通过承认例外情况来修正各种原则，只是概括了这样一些情况：在这些情况中，我们是用词来陈述这一原则本身的，而这些词可以使我们明确知道如何识别属于这一原则的那些情况。然而，人们却常常用这样一种方式来陈述各种原则，使得我们不可能将这一问题——无论某一种情况是否被列入这些原则之列——作为一种纯事实问题来加以处理。这是因为，该原则本身常常（尽管并非总是）包含着——除了那些对于陈述一种行为原则来说是必要的祈使动词或价值词之外——其它占据正常情况下本该由纯描述术语来占据的位置的价值词。比方说，我们可以用一种不同方式使我们关于虚假性事情的原则变为：“不要说谎。”接下来，我们就可以容许有一个例外，即如果不带欺骗性意图，而是出于其它目的，比如说，是为了引人发笑，便可以说谎。这样一来，我们就可以说，讲述一个关于某人的故事，而大家都知道这个故事有趣，但却是虚构的，那么讲这个故事就不是说

谎。我们之所以能如是观焉，是因为“说谎”并非只意味着虚假的事情，而是指那些应该受到指责的虚假事情。因此，我们可以而且实际上有时候也在真正的谎言与无伤大雅的谎言（lies proper and white lies）之间作一区分：真正的谎言都应该受到指责，而无伤大雅的谎言则是另一码事。《牛津英语辞典》对这个词的解释是：无伤大雅的谎言乃“一种有意识的不真实的陈述，它不应该被视为是有罪的：就其动机而言，它是一种应予以原谅或应受到赞赏的虚假”。在所有这类情况中，“不要说谎”这一原则的改变都采取了一种变换形式，但这不是其实际行文表述的变换，而是应用这一原则的各种条件的变换；这就是说，是一种关键性的外延变换，或者如 54
我们稍后所称之的那样，是关键词的描述意义的变换，但仍保留了关键词的评价性意义。诚如 H. L. A. 哈特教授向我们指出的那样，这就是法律原则如何经常为司法裁决所改动的情形，比如说，就像法律原则为那种关于一个板球偶尔滚到公路上是否可以真正称之为“骚扰”的裁决所改动一样。关键词不一定（与此处的情形一样）是价值词，而可能是描述词，其意义之不严格足以使我们对它作出这种处理。当然，像上面所说的这类裁决，只会使法律更为精确，而不会使其更不严格。关键词的外延可能在实际上被变换了，或者它只可能会变得更为精确。无须指出的是，这种裁决是决定，而不是像亚里士多德有时所认为的那样，是对某一特殊类型的知觉的练习。[①] 的确，我们知觉到这类情况中有一种差异，但我们却要决定这种差异是否能证明我们将它作为例外情况处理是正

① 《尼可马克伦理学》，1109^{b} 23 行以后，1126^{b} 4 行。

当的。

因此，像“永不说假话”这类原则，非但从性质上说不是不可救药地在某方面缺乏严格性，相反，我们的道德发展之一部分，正是要使这些原则从临时性的原则变成能明确规定其例外情况的精确原则。当然，这一过程永远不会完结，但它将在无数的个体生命中永远继续着。如果我们接受并继续接受这样一种原则，我们就不能像在有关请假规则的情形中那样，违背它而又丝毫不改变它。我们不得不决定：是遵守这一原则而不改变它呢，还是违背它并通过承认一类例外情况来修改它？倘若这一原则从性质上说确实不严格，我们就可以在根本不修改它的情况下违背它。在接下来的一章里，我将更为详尽地考察我们是如何发展和修改我们的各种原则的。

3.7. 然而，我所批判的这种理论的最严重错误，是它没有考虑我们关于行为之推理中的、堪称道德之根本本质的那种因素。这
55 种因素就是决定。我所讨论的这两种原则之所以在某种意义上都缺乏普遍性，只是因为在一些特殊情况中，是否按照原则行动的决定留给了行为者。在这种情况下使用“推论”一词，是会引起严重误解的。当某人说：“这是假的，所以我将不会说它”，或者说：“这是假的，但我还是要说它，对我的原则破一次例”时，他所做的就远远超过了推论。单单是推论过程不会告诉他，他在涉及其原则的某种情况下应说上面的哪句话。他必须决定应说哪句话。推论是作这样的表述：如果他讲假话，他就会违背这一原则；如果他讲真话，他就是遵守这一原则。这是一个完全充分的演绎推理，无须作任何进一步的补充。接下来他所要做的，绝对不是推论，而是某种

完全不同的事情，这就是：他要决定是不是更改原则。

因此，我看不出有什么理由要收回我所说的有关行为原则蕴涵特殊命令之方式的观点。这一蕴涵关系是严格的。我们必须研究的不是蕴涵关系中的不严格性，而是我们制订和修改各种原则的方式，以及这一过程与我们在这一过程中所作出的特殊决定之间的关系。

四、原则决定

4.1.在作出做某事的决定时，可能包含两个因素。其中第一 56
个因素至少从理论上说可以不出现；而第二个因素则总是在某种程度上出现。这两个因素与亚里士多德的实践三段论中的大前提和小前提相对应。大前提是一种行为原则；而小前提则为一种陈述，或多或少地充分说出假如我们做这种或那种选择的话，我们实际上究竟应该做什么。因此，如果我决定，因为某事是假的而不去说它，那么，我就是在依一种原则而行动，这原则是："永不（或在某些条件下永不）说假话。"而且我必定知道我正不知该不该说的事情是假的。

让我们先讨论小前提，因为它容易一些。只有在我们至少知道某些关于假如我们这样或那样做的话，我们应该做什么的情况下，我们才能明确地决定该做什么。比如说，假设我是一位雇主，正不知是否该解雇一位职员，他总习惯于在应该上班的时间后一小时才来到办公室。如果我解雇他，就将断绝他家庭赖以生活的财源，也许还会使我公司的名声受到影响，使人们在我公司需要招

人时退避三舍，如此等等；如果我保留他，就会使别的职员去做本该由他来做的工作；这样，办公室的那些事务就不会像所有职员都准时上班那样办理得那么迅速。这些都是我在作决定时所应考虑到的因素。它们是我解雇他还是不解雇他这两种行动选择对总体境况产生的结果，而这些结果决定着我应该做什么，我也正是在这
57 两组结果之间作出决定的。关于一种决定的全部要点是，决定将对所要发生的事情造成一种差异，而这种差异即是以此方式决定的结果与以彼方式决定的结果之间的差异。

有时候，一些伦理学家似乎有这样的意思：在某种场合，虑及做某事的结果是不道德的。据说，我们应当履行我们的义务而不管行为的结果如何。但就我使用的“结果”一词而言，这种观点是不能成立的。我并不是主张那种与“义务”相反对的（贬义上的）“权宜之计”。即令是履行我们的义务——就它是在做某事而言——也会使总体境况发生某些变化。毫无疑问，在人们可以使总体境况发生的那些变化中，绝大多数人都会同意，我们应当考虑某些相关性较大的变化（道德原则的目的就是要告诉我们哪些变化相关性较大）。我认为，这些结果的直接性和遥远性并无什么不同，尽管它们的确定性和不确定性会产生差异。人们之所以把不能纠正一种不公正的行为——其效果将产生最大量的快乐——视为不道德的，其理由不在于人们作出的这样一种选择顾虑到了不应被顾虑的结果，而是以为，某些结果——即最大量的快乐——具有一种它们本不应有的相关性，并在考虑那些其它的结果——它们可能是已存在于纠正不公正行为的行为之中的结果——之前，就考虑到了这些产生最大量快乐的结果。

在我们考察了价值词的逻辑之后,有些理由就一目了然了,正由于此,在关于做什么的论点之文字阐发中,最为重要的是不允许在小前提中有价值词。在陈述实际事实时,我们应该尽可能接近事实。那些精通这些词的逻辑,因而预先知道要提防陷入逻辑陷阱的人,可能会为了简便而忽略应该留心注意的事情,但对于没有经验的人来说,最好还是把价值词语保留在它们所属的地方,即保留在大前提中。这样,就可以防止无意中把一个模糊的中间语词 58
(middle term)插到前提中来,就像我在第三章第三节中所举的那个例子一样(请参见 3.3)。我的意思并不是说在探讨实际事实时,我们就不应该有任何可能带有一种评价意义的词。因为,考虑到评价意义充塞于我们的语言之中,这样做几乎是不可能的。我的意思只是说,我们必须明白,当我们把这些词用于小前提中时,有一些确定其真假的明确的检验标准(这些标准本身并不包含评价)。在上一段里,我就是在这种意义上使用"快乐"这个词的,尽管我们并不经常这样使用它。

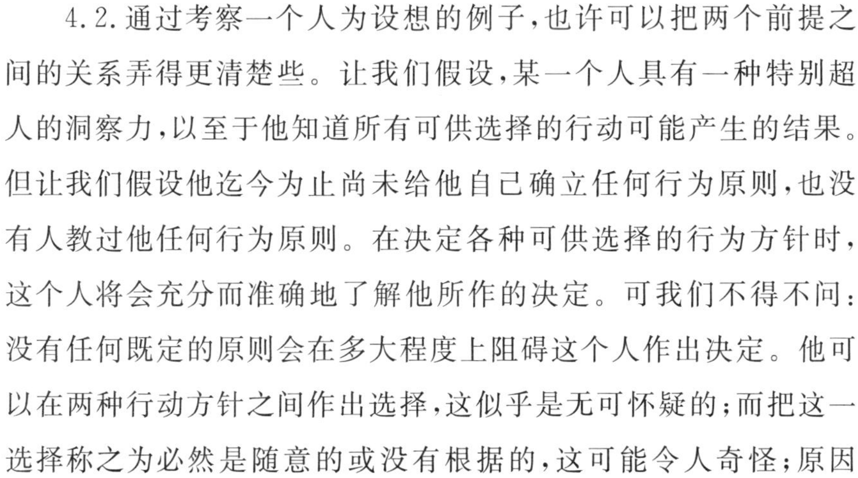

4.2.通过考察一个人为设想的例子,也许可以把两个前提之间的关系弄得更清楚些。让我们假设,某一个人具有一种特别超人的洞察力,以至于他知道所有可供选择的行动可能产生的结果。但让我们假设他迄今为止尚未给他自己确立任何行为原则,也没有人教过他任何行为原则。在决定各种可供选择的行为方针时,这个人将会充分而准确地了解他所作的决定。可我们不得不问:没有任何既定的原则会在多大程度上阻碍这个人作出决定。他可以在两种行动方针之间作出选择,这似乎是无可怀疑的;而把这一选择称之为必然是随意的或没有根据的,这可能令人奇怪;原因

是，假如一个人非常详尽地确切知道他正在做什么和他可能按另一种选择在做什么，他的选择就不是随意的，一种选择只有在不考虑结果的情况下靠掷硬币而作出，才是随意的。但是，假设我们问这个人："你为什么选择这一组结果而不是选择那一组结果呢？在许许多多的结果中，是哪些结果使你作出如此选择呢？"他对这种问题的回答可能有两种。他可能会说："我无法说出任何理由；我
59 只是感觉到要这么决定。在下一次，如果我面对同样的选择，我可能会作出不同的决定。"另一方面，他可能会说："正是如此这般使我作出了决定。我有意要避免如此这般的结果，而力求这般如此的结果。"倘若他作出第一种回答，我们可能还可以在这个词的某种意义上，把他的决定称作是随意的（尽管即使是在这种情况下，他也有*某种*理由作出他的选择，即是说，他感到要这么决定）；但若是他作出第二种回答，我们就不能如此认为了。

让我们看一看，第二种回答中究竟包含着什么意思。尽管已经假定这个人没有任何既定原则，但如果他作出第二种回答，就表明他已经开始为他自己确立原则了。因为，因结果如此这般而选择它们，也就是开始按照一种应该选择如此这般的结果的原则而行动了。在这个例子中我们看到，为了按原则而行动，在某种意义上并不一定在你行动之前就已经具有了一种原则。事情可能是这样的：由于了解以某种方式行动的结果而以该方式行动的决定，*就是*赞同某一行动原则——尽管人们不一定在任何持久的意义上来采用它。

普通人并不像我们人为设想的例子中的那个人那么幸运。的确，他们是从完全没有任何未来知识的情况下开始的，而他们获得

的未来知识也不是这种直觉型的。我们所具有的这种未来知识——除非我们具有超人的洞察力——基于我们所学习到的预测原则之上，或者说基于我们为自己确立的预测原则。预测原则是一种行动原则，因为预测即是以某种方式去行动。因此，尽管从逻辑上说没有任何东西能够阻止某个人在完全没有原则的情况下行动，也没有任何东西阻止他按上述第一种回答所展示的那种随意方式来作出他所有的选择，但事实上，这种事情是永远不会发生的。而且，我们关于未来的知识也只是零碎的和或然的。因此，在许多情况下，我们所习得的或为我们自己确立的各种原则，并不是"选择这种结果而不选择那种结果"的原则，而是"你并不确切地知道这些结果将是什么，但请择此弃彼吧，这些结果极可能就是那些 60
假如你知道它们而会选择的结果"。在这种语境中，重要的是要记住："很可能"和"大概"都是价值词，在许多上下文语境中，"P 大概（或很可能）"可以等值地转换为"有充足理由（或证据）主张 P"。

4.3. 至此，我们可以区分我们为什么要有各种原则的两种理由了。第一种理由适用于任何人，即令是完全能洞见未来的人，他决定选择某事也是因为这件事具有某种性质。第二种理由适用于我们，因为我们实际上并不具备对未来的全部知识，而且也因为我们确实拥有的知识本身就包含着各种原则。但我们还必须加上第三种理由：即如果没有原则，绝大多数的教育都不可能，因为在绝大多数情况下，人们所教的都是一种原则。尤其是，当我们学习**去做**某事时，我们所学的也总是一种原则。即便是学一种事实或被教一种事实（就像我们学或别人教我们学旁遮普的五条河流的名称一样），也是学习如何回答一个问题，即学习"当有人问：'旁遮普

的五条河流的名称是什么?'时，去回答他：'是杰赫勒姆河、切纳布河……'"这样的原则。当然，我这样说的意思并不是说，去学习做任何事情都是学习去以强记来硬背某种全称祈使句。那样的话就会使我们卷入一种恶性退化(vicious regress)，因为学习背诵固然是一种学习，而且也必须有它的原则，但在这种情况下，我们还应该去学习背诵这种背诵的原则。在这里，关键之处毋宁是：学习做任何事情决不是去学习做一种个别的行动，而总是学习于某种境况中做某种行动，这即是学习一种原则。例如，在学习开车时，我学习的不是*现在*就去换挡，而是学习在发动机发出某种声音时去换挡调速。倘若不是如此，驾驶说明书就毫无用处了。因为，假如每一个驾驶教练员所能做的一切只是告诉我们*现在*就去换挡的
61 话，那么他此后就得一直坐在我们身旁，以便告诉我们在各种场合该什么时候换挡变速。

因此，没有原则，我们就无法从我们的前辈那里学到任何东西。这可能意味着，每一代人都必须从零开始自学。但是，即令每一代人都可以自学，他们也不能在没有原则的情况下这么做。因为自学和其它教育一样，也是原则的教育。重温一下我们人为设想的那个例子，可能会使我们明白这一点。让我们假设：我们这位具有超人洞察力的人依某种原则作出他的全部选择，但他总是在作出选择之际，便很快遗忘了那种原则曾经是什么样的。因此，他可能在每次作出一种选择时，便重温一下各种可供选择的行动的全部效果。这可能太浪费时间了，以致使他在其生命的历程中无法获得闲暇去作出许多决定。他会将其全部时间都耗费在决定像是先迈右脚还是先迈左脚这类问题上，而永远无法作出我们认为

是更为重要的那些决定。但是,倘若他能够记住他曾依其行动的那些原则,他的状况就好多了;他就可以**学会**在某种情况下如何行动,学会很快识别出某一境况的那些相关方面,包括各种可采取的行动的各种效果,且能很快作出选择,并在许多情况中达到习惯成自然的境界。因此,他深思熟虑作出决定的能力就会解放出来,用于作出更为重大的决定。当一位木匠没有费多大心思就学会了如何做契合榫的时候,他才有时间去考虑他所完成的产品之各种比例线条和美学外表一类的事情。在道德领域里,我们的行动亦复如此:只有当我们履行那些较轻的义务行为已成为习惯行为时,我们才有时间去思考那些较为重大的义务行为。

在实践中,对于那些可以互教互学的东西来讲,总有一个界
限,超过这一界限,就需要靠自教自学。这种界限表现为人们在接 62
受各种教育时可能遇到的条件限制的多样性,在某些情况下,这种多样性较其它情况更为丰富。一名中士就差不多可以教会一名新兵有关在阅兵式上如何握持刺刀的全部事情,因为在一种阅兵场合中握持刺刀与在另一种阅兵场合中握持刺刀极为相似。但是,一名驾驶教练员在开始时就不能教会他的学员太多东西,因为在驾驶中可能遇到的条件各种各样。在绝大部分情况下,教的内容并不是使学员毫无错误地把握一种固定的操练技巧。最基本的指导必须包括的因素之一,是给学员提供自己作出决定的机会,并在这种实践中去考察、甚至是为了适应某些特殊情况而去修改他所学的各种原则。最初教给我们的那些原则都是一些临时性的原则(它们颇类似于我在前一章里所讨论的那种“永不说假话”的原则)。经过最初的阶段后,我们的训练就在于采用这些原则,并逐

步减少它们的临时性特征。我们可以通过在我们的决定中坚持使用这些原则来这样做,有时候也可以作出超出这些原则的例外事情,我们之所以做出一些例外,是因为我们的教练员给我们指出了某些情况是这种原则的各种例外中的一些实例,而有些例外则是我们根据我们自己的想法决定的。这并不比我们的那位具有超人洞察力的人在两组结果间作出决定更困难。如果我们从经验中知道遵守某项原则会产生某些结果,而以某种方式修改它会产生另外某些结果,我们就会采用那种能够产生我们决定追求的那些结果的原则形式。

我们可以根据已使用过的那个例子,来说明这种修改原则的过程,亦即学习驾驶的过程。例如,有人告诉我,停车时总要向路边靠;但后来又有人告诉我,当我在转向右侧的路边之前停车时,
63 这一原则就不适用了,因为这时候,在我能转弯之前,我必须将车停在靠近路中间的地方。再后,我又发现:如果在一个没有信号控制的交叉路口,我看到没有任何会因我转弯而碰撞的车辆,在这一操作时刻,我根本不必停车。如果我已经知道了对规则所作的这些修改,又熟悉了对所有其它规则所作的相似修改,且能在实践中运用自如,那么就可以说我是一个好司机了,因为我驾驶的车总能按规章行驶,速度适当,等等。一个好司机尤其应具备这样一个条件:已经成为其习惯的那些原则能非常准确地支配其行动,以至于在通常的情况下,他压根儿就用不着去想怎么做的问题。但是,马路上的情况千变万化,因此,完全凭习惯开车是不明智的。人们永远也无法肯定某一司机的驾驶原则已完美无缺——实际上,人们倒可以肯定,驾驶原则并非十全十美,因此,一个好司机不单要习

惯自如地开车，而且要时刻留意他的开车习惯，以弄清是否可以对这些习惯加以改进；他永远不能停止学习。①

几乎无需指出的是，驾驶原则也和其它原则一样，通常并不能靠反复重申灌输给人们，而是要通过实例、示范和其它实践手段来灌输给人们。我们不是靠言教学习驾驶的，而是靠别人一点一滴地传授技术学会驾驶的。言教通常只是解释或帮助我们记忆所学得的东西。此后，我们便尝试着自己来进行各种具体操作，失败了就受到批评，做好了就受到赞许，这样就逐步掌握了各种各样好的驾驶原则。因为，尽管给予我们的指导远不是纯文字上的指导，但即便如此，我们所学到的东西仍是各种原则。人们通常是以非文字的方式来从原则中推导出特殊行动（或对这些行动的命令），但这一事实并不表明，这种推导不是一种逻辑过程，正如以下推论，即：

> 时钟刚刚敲过七下。 64
>
> 时钟只在七点时敲响七下。
>
> 所以，时间刚过七点。

并不能因为未用词语说明白，就被说成是非逻辑的那样。

司机们常常只知道在某一情况下怎么做，而不能用语词表达他们所依据的原则。这对各种原则来说都是一种很常见的情况。猎人只知道在什么地方设置陷阱，而常常无法解释为什么在某一特定地点设置陷阱。我们大家都知道如何用语言表达我们的意

---

① 参阅《浪漫故事种种》(Romans)，2[21]。

思，但是，如果一位逻辑学家要我们解释我们所使用的词的准确定义或它们用法的确切规则，我们常常会茫然不知所措。这并不是说，设置陷阱、使用语词或开车可以不按原则进行。人们可能是知道所以然，而说不出所以然——但如果是讲授某一种技巧，如果我们能够说出所以然的话，讲授这种技巧就更容易了。

我们切莫以为，如果我们可以在无须多想的情况下决定两种方针之间的选择（我们应该做的事对我们来说似乎是自明的），那么，这必定意味着我们具有某种告诉我们应做什么的神秘的直觉能力。司机并不能靠直觉知道什么时候换挡变速；他之所以知道这一点，是因为他已经学过且尚未忘记。他所知道的是一种原则，尽管他不能用语言系统阐述这一原则。对于有时候被人们称之为“直觉”的道德决定来说也是一样。我们之所以有各种道德“直觉”，是因为我们学会了如何行为，而且根据我们已经学会的如何行为之原则，我们有不同的行为原则。

倘若认为要使一个人成为好司机所要做的一切，就是告诉他或者向他反复灌输许许多多的一般原则，那就错了。这样认为就会忽略决定的因素。在他开始学习驾驶后，他很快就会面临各种需要他处理的情况，而所教给他处理这些情况的那些临时性原则
65 又需要修改，这样，他就不得不决定该做什么。他很快就会发现哪些决定是正确的，哪些决定是错误的。这部分是因为他的教练告诉他了，部分则是因为他已经看到了这些决定所带来的结果，所以他便决定不再造成这些结果了。我们切莫犯这样一种错误：以为决定和原则发生在两个相互分离的领域，而且在任何地方都不会相遇。除了那些完全是随意性的决定——假如有的话——外，所

有决定在某种程度上都是原则决定。我们总是在为自己设置一些先例。实际情况并不是在某一点上原则可以解决一切事情，决定也涉及这一点上的一切情况。相反，在整个领域中，决定和原则都是相互作用的。假设我们有一种在某些情况下以某种方式行动的原则，然后，再假设我们发现自己处在属于这种原则的那些情况之中，但这些情况却有某些我们以前从未遇到过的其它特别的特征，这些情况迫使我产生这样的疑问："这种原则果真能概括像这样的情况吗？或者，这种原则是否规定得够不完全？——在这里，是否存在一种属于应该被作为例外来处理的那一类情况呢？"我们对这一问题的回答将是一种决定，但它是一种原则决定，正如我们通过使用"应该"这一价值词所表明的那样。如果我们决定这应该是一种例外，我们由此就通过规定一种原则的例外修改了它。

例如，假设我在学习驾驶时，有人教我在减速或停车之前要发出信号，但他并没有教我在紧急情况下刹车时该怎样做。有一个小孩突然窜到我的车前，我没有发出信号，而是双手把住方向盘。从此以后，我便在接受那一原则的同时加上了这一例外，即：在紧急情况下掌握好方向盘比鸣笛更重要。这样，我便作出了一种原则决定，即便是凭一时冲动作出的。理解了在像这样的情况中发生的事情，也就在很大程度上理解了进行价值判断的问题。

4.4. 我并不想就学习各种原则的方式对驾驶原则与行为原则 66
作太多的比较。我们还必须记住它们的一些区别。首先，"好司机"这一词语本身就是模糊的，人们并不能马上明白好司机的标准是什么。标准可能只是熟练程度；如果一个人能够驾驶自如，我们就可以把他称为好司机。我们也可以说："尽管他是一个非常好的司机，但他却丝毫不替其他行路者着想。”另一方面，我们有时期望一个好司机也能有良好的道德品质；根据这一标准，如果一个人能熟练开车，但却很少注意到别人的方便或安全，我们也不会把他称为好司机。在实践中，很难在好司机的这两种标准之间划出一条界线。此外还存在第三种标准，根据这一标准，如果某一司机遵守公认的良好驾驶原则，比方说遵守《公路法规》中规定的原则，我们就说他是一个好司机。因为《公路法规》是按明确目的编纂的，所以，这种标准在很大程度上与第二种标准相吻合。

其次，有两种看待驾驶教学的方式：

> (1) 在一开始便确立某些目的，比如说要避免撞车；于是，这种教学就是教人们如何达到这些目的。根据这种看待驾驶教学的方式，良好驾驶的原则便是一些假言祈使句。
>
> (2) 先教一些简单的经验法则，让学员逐渐明白驾驶教学的目的是什么。

但切莫以为，方式(1)或(2)本身就完全说明了我们的通常做法。我们究竟采用哪一种方法在很大程度上依赖于学员的成熟性和智
67 力。在教非洲的士兵开车时，我们可能会更倾向于第二种方法。假如我非得教我那两岁的儿子去开车，我就只能是采用和我现在采用的教他在我自己开车时别动那些控制装置的方法相同的方法了。另一方面，对于一个具有很高智力的学员来说，我们则可能更多地采用第一种方法，而较少采用第二种方法。

然而，切莫以为方法(2)就完全不必要了，即使就一个最具理性的学员来说也不能作如是观。即使是较笨的学员也会立即懂得

并同意应避免撞车；但是好司机所要达到的目的远不止于此。他必须避免给自己和别人造成许多本来可以避免的不便，必须学会不去做那些会损坏自己车辆的事情，如此等等。一开始就确立“避免本来可以避免的不便”这样一种一般性目的是毫无用处的；因为，“不便”是一个价值词，而在学开车者已经有驾驶经验之前，他不会知道什么样的境况可以算作是本来可以避免的不便。在具体的教学给这种一般性目的或原则提供具体内容之前，它们都是空洞无物的。因此，在某种程度上，永远需要从教学员该做*什么*这一点开始，而把后来发现*为什么*这一任务留给他来做。因之我们可以说，尽管道德原则通常是在我们小时候主要通过方法(2)教给我们的，而驾驶原则在绝大多数情况下是通过方法(1)教给我们的，但在这方面，两种原则之间不存在绝对的分界线。我刚才所说的关于最初先学该做*什么*和关于一般性目的一开始所具有的空洞性的那些观点，均借自于亚里士多德。[①] 按照亚里士多德的说法，驾驶原则与行为原则之间的基本区别是，后者是前者的“建筑学”；因 68
为良好驾驶的目的(安全行驶、避免给他人造成不便、保持车的机械性能正常，等等)如果需要证明的话，则最终还得通过诉诸道德考虑来加以证明。[②]

然而，如果以为我们只有一种方式学习一种技巧或任何别的原则体系，或者只有一种方式证明所作的某一决定是正当的，那就未免愚蠢了。实际上我们的方式有很多种，我已经力图使前面的

① 《尼可马克伦理学》，i，第 4 行。

② 《尼可马克伦理学》，i，第 1，2 行。

说明充分普遍化，以概括全部方式。一些道德作家们认为，我们必须通过诉诸行为的结果证明某一行为是正当的，我们是通过诉诸某种原则识别哪些结果是应该追求的，哪些是应该避免的。这种理论就是功利主义者们的理论，他们要求我们注重结果，并按功利原则来考虑这些结果，以弄清究竟哪一种结果能产生最大量的快乐。另一方面，一些人则以为（如图尔闵），我们可以直接诉诸某一行为所遵守的那些原则证明它是否正当，而这些原则又可以通过诉诸人们长期遵守它们所产生的各种结果获得正当与否的证明。还有一些人认为，我们应该遵守原则，不计结果——尽管根据上面所提出的那些理由，我们在这里并不能在我们一直使用“结果”这个词的意义上来理解它。这些理论的错误并不在于它们所说的观点，而在于它们的假定，即：它们正在告诉我们证明行为正当或决定该做什么的唯一方式。其实，我们是用所有这些方式来证明行为的正当性或决定行为。比方说，有时候，如果有人问我们为什么要做A，我们说：“因为它属于P原则一类的情况”；而如果有人又接着要我们证明P原则是正当的，我们就会归结到遵守它或不遵守它的那些结果上去。但有时候，当有人问：“你为什么做A?”这一相同问题时，我们也会说：“因为，如果我不这样做，就会发生E”；而假如他问发生E有什么不好？我就诉诸某种原则。

69 实际情况是，如果有人要求我尽可能完善地证明某一决定是正当的，我们就不得不既考虑结果——它给决定以实际内容——又考虑原则，还要考虑遵守这些原则的一般结果，如此等等，这样才能给出令提问者感到满意的答复。因此，对某一决定的完整证明，应由对该决定之结果的完整说明和对它所遵守的那些原则的完整说明，以及遵守这些原则之结果——当然，也正是这些结果（实际遵守这些原则所带来的结果）给这些原则以实际内容——的完整说明一道构成。故此，倘若有人要我完整地证明一项决定是正当的，我们就必须对生活方式给予完整的详细说明。因为决定乃生活方式之一部分。但实际上，我们不可能提供这种完整的详细说明，最切近的尝试是由那些大宗教所作的尝试，特别是在实践中身体力行这种生活方式的历史人物所作的那些尝试。然则，假设我们可以提供这种完整的详细说明。倘若提问者继续问："但是，为什么我**应该**像这样生活呢？"这时候，我们就无法给他作进一步的回答了，因为我们**依前提假设**所说的一切，可能已经包括在这种进一步的回答之中了。我们只能要求他拿定主意应当以何种方式生活，因为一切事情最终都依赖于这样一种原则决定。他不得不决定是否接受这种生活方式；如果他接受，那么我们就可以着手证明建立在这一生活方式基础上的那些决定；如果他不接受，那就让他去接受别的生活方式，并努力按它生活好了。最棘手的是末尾那个从句。因为**依前提假设**，一切可以用来证明那些最终决定的东西已经包括在该决定中了，所以把最终的决定说成随意性的，就等于说对宇宙的完整描述完全是无稽之谈，因为人们无法提供进一步的事实来确证它。这并不是我们使用"随意的"和"无稽的"这些词时表达的意思。这种决定非但不是随意性的，反而可能是一种最有根据的决定，因为它是建立在对一切事物的通盘考虑之基础上的，正是基于这种考虑，它才可能被建立起来。

人们将会注意到，我在谈论原则决定时，已经不可避免地开始 70
使用价值语言了。例如，我们决定，**应该**修改那个原则，或者决定

把住方向盘比发出信号更好。这说明，我在本书第一部分所说的，与第二部分的问题有着非常密切的相关性，因为作出价值判断也即是作出原则决定。问我是否在这些情况下应当做 A，即是（借用一下康德的语言，但有一个小小的却是很重要的修改）问，我是否愿意让在这些情况下做 A[这一原则]成为一个普遍的法则。[①] 康德与史蒂文森教授似乎有天壤之别；但人们却会用不同的文字提出一个相同的问题："对于在此情况下做 A，我们应采取和赞许什么样的态度呢？"因为，如果说"态度"意味着什么的话，那么，它意味的就是一种行为原则。不幸的是，与康德不同，史蒂文森对这种第一人称的问题几乎没有作什么考察；倘若他对这一问题多加注意，并避免使用"说服的"这一词的危险，他就可以和康德比肩而立了。

4.5. 正如康德在我在前面提及的关于意志自律的重要篇章中所指出的那样，我们必须作出我们自己的原则决定。[②] 别人无法为我们作出这种决定，除非我们一开始就已经决定采取他们的忠告或服从他们的命令。在这里，我们可以与科学家的情况作一个有趣的类比，科学家也必须依赖于他们自己的观察。有人可能会说，在这里，决定与观察之间存在一种差异，这种差异是不利于决定的，因为观察一旦完成，就具有公共属性，而决定却必须是由行动者本人在每一场合中作出的。然而，这种差异仅仅是表面的。
71 除非某一科学家已经使他自己确信其他科学家的观察一般是可以

① 参见《道德形而上学基础》，H. J. 帕顿英译本，第 88 页。

② 同上书，第 108 页以后。

信赖的，否则，他就不可能成为一位科学家。他是通过做出他自己的一些观察而使自己确信的。我们在学校学习基础化学时，有一些理论课程和一些实践课程。上理论课时，我们学习书本；而在上实践课时，我们则做各种实验，如果幸运的话，我们会发现实验结果与书本所讲的相符。这就告诉我们，书上讲的并不都是胡言乱语；这样，即使是我们忽视的一些干扰因素使我们的实验出现差错，我们也往往倾向于相信书本而承认自己犯了错误。我们之所以对这种假设能确信不疑，是因为我们常常在后来发现了这些错误的所在。不论我们的观察多么细心，如果它总是与书本有出入，我们就不该谋求把科学作为我们的职业。因此，科学家对别人之观察的信心最终主要是建立在他自己的观察和他本人关于什么是可以信赖的判断基础之上的。归根结底，他不得不依赖他自己。

道德行动者的情况并无不同。在我们小时候接受基本的道德教育时，有些事情是别人告诉我们的，而有些事情则是我们自己做的。如果我们按照别人告诉我们的去做，而得到的全部结果总是我们不想要的，那么，我们就会寻求更好的忠告；或者是，如果有人阻止我们这样做，我们就会设法自救，反之则会成为在道德上有缺陷的人。如果人们一般向我们提供我们后来慢慢明白是好的忠告，我们一般便会决定听从这种忠告，并采纳那些在过去曾向我们提供过这种好忠告的人们的原则。这种情况正是所有受到良好教育的孩子所经历的。正像科学家不想去重写书本上已有的全部东西，而是将它们视为理所当然的事情，并执着于他自己的特殊研究一样，那些幸运的孩子也会本能地接受长辈们的原则，并通过他自
己的决定来具体采用这些原则，使之不时地适合于他自己的情况。72

在一个具有良好秩序的社会里，道德正是这样得以保持稳定，同时又适应于不断变化的情况的。

4.6. 不过，这种令人愉快的事态也会以许多方式恶化。让我们考察一下在历史中似乎经常发生的那种过程，这种过程曾经发生在公元前五至前四世纪期间的古希腊，并且发生在我们自己的这个时代。假设某一代人——我将把他们称之为第一代人——从他们的父辈那里承袭了非常固定的原则。又假设这些原则已经像是他们的第二本性那样固定下来了，以至于一般说来，这些人都是在不加思索的情况下依这些原则而行事的，他们作出深思熟虑的原则决定的能力已经退化。他们总是按书本行事，并且平安无事，因为在他们那个时代里，世界的状态与那些原则确立之时几乎没有什么两样。但是，他们的儿子即第二代长大以后却发现，条件发生了变化（例如，经过一场持久的战争或一场工业革命），先辈们教给他们的那些原则已经不适用了。因为在他们所受的教育中，更多的是强调观察原则，而极少强调作出这些原则最终所依赖的决定，所以他们的道德失去了根基，成了完全不稳定的道德。人们再也不写，也不再读“**人的整体义务**”这样的书了。事情常常是，当他们按照这些书本所说的去做时，紧接着又会为他们的决定后悔不已。由于这样的事例太多，人们对那些古老原则的信心从总体来说就维持不下去了。无疑，在这些古老的原则中间，肯定有某些非常普遍的原则，除非人的本性和世界的状态发生根本性变化，否则，这些原则仍将是可以接受的；但是，第二代人由于没有受到过作原则决定的教育，而是被教养成按书本行事的一代，因而他们中
73 的绝大多数人都将不能作出这样一些关键性的决定，即：决定该保

留哪些原则，修改哪些原则，摈弃哪些原则。一些人（如波利玛库斯人的第二代）将长期沉浸于这些古老的原则之中，以至于他们只是对这原则亦步亦趋，而不管会发生什么事情。从总体上看，这些人可能比其他人更幸运些，因为有某些原则毕竟要比道德上的漂浮不定更好些，即便是这些原则会导致一些使我们后悔的决定。大部分第二代人，也许更多的是第三代人，将不会知道哪些原则该保留，哪些原则该摈弃，所以，他们将日益接近生活——这并不是件坏事，因为这可以训练他们作出决定的能力。但这样过日子总是不愉快的、危险的。他们中的少数人，即少数叛逆者，将会公开宣布一些或所有旧道德原则毫无价值；有些叛逆者会鼓吹他们自己的新原则；而另一些叛逆者则提不出任何新的东西。尽管他们增加了不少混乱，但这些叛逆者却发挥着一种有益的作用，这就是迫使人们在他们所面临的两种对立的原则之间作出抉择。而且，倘若他们不仅仅是鼓吹新的原则，而且真心实意地按照这些原则而生活，那么，他们就是在进行一种道德实验。对于人类来说，这种道德实验可能具有极大的价值（在此情况下，他们将作为伟大的道德导师而被载入史册），或者可能相反，给他们和他们的信徒带来灭顶之灾。

这种灾难可能要延续好几代人才能结束。当普通人重新学会为他们自己决定赖以生活的原则，特别是学会决定用什么原则来教育他们的孩子时，道德便会重新获得其生命力。因为，尽管这个世界随着巨大的物质变化而变化着，但从道德的角度来看，它在一些基本问题上却变化得异常缓慢，而已为大多数民众所接受的原则与他们父辈已逐渐不信任的那些原则之间，也不大可能产生很

74 大差别。亚里士多德的道德原则与埃斯库勒斯(Aeschylus)[1]的道德原则就是大同小异;而我们自己也许会返回到某些可以辨认为类似于我们祖先道德的那些道德原则上去。但肯定会有一些变化,某些为叛逆者们所鼓吹的原则也将会为人们所采纳。这就是道德进步或退化的过程。正如我们将会看到的那样,这一过程通过价值词的用法发生的一些非常微妙的变化而反映出来。我们无法把亚里士多德所说的各种德性翻译成现代英语,就是一个例子,而“正直的”(“righteous”)这个词消失得无影无踪则可作为另一个例子。

4.7.“我应如何教养我的孩子?”这一问题我们已经提到过了,但对于这个问题的逻辑,自古以来就几乎没有哲学家给予足够的注意。道德教育对一个孩子所产生的影响,大部分都将保留下来而不受任何以后对他所发生的事情的影响。倘若他能得到稳定的教育,无论被灌输的原则是好的还是不好的,要让他在以后的生活中抛弃这些原则都极为困难——虽然是困难的,但并不是不可能的。对于他来说,这些原则具有一种客观道德法的力量,而假如我们不把他的行为与那些同样固执于完全不同的原则的人的行为作一番比较,就会把他的行为视为是对直觉主义伦理学理论的一种支持。然而尽管如此,只要我们的教育还没有完善到足以将我们转变为自动机器的程度,我们就可以怀疑甚或摈弃这些原则,这正是使人类区别于蚂蚁的地方。人类的道德系统是变化的,而蚂蚁

---

① 埃斯库勒斯(Aeschylus,525 B. C. —456 B. C.),古希腊悲剧诗人,比亚里士多德(Aristotles,384 B. C. —322 B. C.)约早一百多年。——译者

的“道德体系”却一成不变。因此，即便我可以一成不变地借助于从小养成的那种道德直觉毫不含糊地回答“我该在如此这般的情况中做什么？”这一问题，我也会在回答“我该怎样教育我的孩子？”这一问题时迟疑不决。正是在这里产生了所有最基本的道德决定，而且也正是在这里，只要道德哲学家们注意这些道德决定，就 75
将发现道德词的最典型的用法。我是否应该*完全*像别人教育我那样来教育我的孩子，以使他们具有和我同样的道德直觉？或环境已发生了变化，以至于父辈的道德品格就不能给孩子们提供合适的资质（equipment）了呢？也许，我试图把他们教育成像其父辈那样的人，只会招致失败；也许，新环境会对他们产生极大的影响，他们将拒绝接受我的原则。或者是，我可能对这个崭新的世界困惑不解，以至于尽管我靠习惯的力量仍然按照我所习得的原则行事，但我却全然不知应传授给我的孩子们哪些原则，确实，假如某个处在我这种条件下的人可以传授任何既定原则的话，他也会对应传授给孩子们哪些原则茫然无知。在所有这些问题中，我们都必须拿定主意。只有那种最墨守成规的父辈才会不加思索地完全用别人教育他的那套方式来教育他的孩子，甚至常常招致惨败，也在所不惜。

当我们考察父母们自己易于碰到的这种两难困境时，许多伦理学疑难问题就变得比较清楚了。我们已经注意到，尽管原则最终必须依赖于原则决定，但决定本身是不可教的，只有原则才是可教的。正是由于父母无法为其孩子做出许多将由其孩子在未来生涯中将做出的那些原则决定，才使道德语言具有其独特的形式。父母所拥有的唯一工具是道德教育，即通过身教和言教，辅之以惩

罚和其它较为新式的心理学方法来传授原则。他该不该运用这些手段呢？又该在什么程度上运用这些手段？对于这些问题，一些时代的父母具有非常明确的看法。他们充分运用这些手段，结果导致把孩子们都变成了出色的直觉主义者，以至于他们能沿着车道栏栅操作方向盘，但却拐不好弯。在另一些时代里，父母却缺乏信心——孩子们该不该指责他们的父母呢？他们不能充分肯定他
76 们自己所想的准备传授给孩子们的稳定的生活方式是什么。这一代孩子很可能会成为机会主义者，他们可以作出个别决定，但却没有既定的原则系统，而原则系统是一代人可以留给其后代的最珍贵遗产。因为，尽管原则最终依原则决定而确立起来，但原则的确立乃是许多代人的工作成果，而必须从头开始的人则是叫人可怜的，除非他是一位天才，否则，他很难获得许多重要结论，这就像一个普通的孩子若不接受教育，在一座荒无人烟的孤岛上会变得自由散漫，或是在实验室里，很难做出任何重大的科学发现一样。

教育中这两个极端方针之间的两难困境，显然只是一个虚假的困境。它之所以是虚假的原因显而易见，假如我们回忆一下前面所谈的关于决定与原则之间的动态关系的观点的话。这种两难困境与学习驾驶颇为相似。在教某人学习驾驶时，试图靠谆谆教诲使他记住那种固定而泛泛的原则，那将是愚蠢的，因为这样他永远也不会作出独立的决定。但若走向另一个极端，完全由他自己去发现他自己的驾驶方式，也同样是愚蠢的。如果我们敏慧一些，就会懂得我们所要做的，是给他提供一个坚实的原则基础，同时又给他以充分的机会，去做出这些原则赖以建立的决定，并通过决定来修改这些原则、完善它们，使其适应变化了的情况；或者当它们

完全不适合新的环境时摈弃它们。只教学员原则而不向学员提供让他们自己作原则决定的机会，就像只给学生讲授书本上的科学而不允许他们走进实验室一样。相反，撇下孩子或学员不管，任他们自我表现，就像把一个小孩放在实验室里，说“你自己做实验吧”一样。这个孩子可能在实验室里玩得很开心，或者可能发生意外身亡，但他大概不会学到很多科学。

道德词——我们可以用“应当”作为一个例子——在其逻辑行 77
为中，反映出道德指导的这种双重性质，这是情理之中的事情，因为正是在道德指导中道德词的用法最具典型性。道德词出现于其中的那些语句，通常都是原则决定的表述，而在我们讨论这一主题时，很容易使决定与原则分离开来。这就是“客观主义者”与“主观主义者”之间产生争执的根源所在。直觉主义者有时候把他们自称为客观主义者，而常常将他们的对手称为主观主义者。前者强调的是由父辈所传下来的固定原则；而后者强调的则是子辈所必须要作出的决定。客观主义者说：“当然，你知道你应当怎样做，看一看你的良心是如何告诉你的吧，倘若你有疑问，那就跟绝大多数人的良心走好了。”他们是可以这样说的，因为我们的良心只是原则的产物，这些原则已为我们的早期教育不可磨灭地铭刻在我们心中，而且在某一社会里，人们的原则相互间并无太大的差别。另一方面，主观主义者则说：“但毫无疑问，在关键时刻——当我已经聆听别人的话并适当发挥我自己的直觉之后——最终我仍不得不问我自己，我应当做什么？否定这一点就是约定主义者；因为一般的道德观念和我自己的道德直觉都是传统的遗产，而——撇开世界上存在许多不同的传统这一事实不说——传统若没有某人做我

现在感到有责任去做或作决定的事情是无从开始的。倘若我拒绝作出我自己的决定，一味仿效我的前辈，我便是在表明自己不如他们，因为他们毕竟有过开创，而我却只是在接受。”主观主义者的这种申辩是非常正当的。这也就是一个要成为大人的青年小伙子的申辩。要在道德上臻于成熟，也就是通过学习去做原则决定，使上
78 述两种表面上相互冲突的观点达到和谐一致，亦即学习运用“应当”语句，认识到这些语句只有通过诉诸一种标准或一组原则，才能得到证实，而我们正是通过我们自己的决定接受这种标准或这些原则，并创造我们自己的标准和原则的。这就是我们这一代人正在如此痛苦地努力去做的事情。

第二部分 “善”

“善……表示赞扬的最一般的形容词，它意指在很大或至少令人满意的程度上存在这样一些特性，这些特性或者本身值得赞美，或者对于某种目的来说有益……”

——《牛津英语辞典》

五、“自然主义”

5.1. 本书的第一部分有两个目的。其一，通过较为详细地考 79
察用以表示命令——最简单的规定形式——的语言，现在，我们就可以更好地理解价值词的较为复杂的逻辑行为，这些价值词是我们的语言提供给我们用以规定的另一种主要工具。其二，在这种考察过程中，我们已经有机会看到了一些我们习惯于使用规定语言的境况类型，看到了我们是如何学会回答“我将做什么？”这种形式的问题的，对这类问题的回答乃是一种规定。

在本书的其余部分，我将讨论一些典型的价值词，特别是“善”“正当”和“应当”。尽管我的选择依旧未脱俗套，但在此需作三点说明。首先，我的意思并不是想说，我将注意到的价值词的特征仅限于我在此所考察的这几个典型词的范围。实际情况是——这一

点已经产生了逻辑上的混乱——在我们的语言中，差不多每一个词都可以偶尔被用作价值词（这即是说，用作赞扬或赞扬的反面），
80 而通常只有通过盘问某一说话者，我们才能知道他是否是这样来使用某个词的。“卓越的”这个词就是一个很好的例子。我之所以把注意力集中于最简单、最典型和最一般的价值词，目的只在于说明的简单明了。其次，“价值词”和“评价的”这些术语极难定义。眼下，我本人还只能用例子来说明之，直到后面（11.2）我才能冒昧地下个定义，甚至于到那时也没有很大信心。第三，我仍将遵循一种与我在前面讨论原则学习时所使用的程序相类似的程序。我将通过一些取自于价值词的非道德用法的例子来说明价值词的特殊性，只有在稍后我才能探讨我们是否可以在道德语境中发现这些相同的特殊性。这种程序虽然看起来有悖常理，但却有一个很大的优点：即我希望它能使我表明，这些词的特殊性与道德本身并无关系，因此那些有意解释它们的理论，就必须不仅能应用于诸如“好人”一类的词语，而且也必须能应用于像“好计时器”这类词语才行；[1]意识到这一点即可避免许多错误。

5.2. 让我用一个特殊例子来说明价值词最为独特的特征之一。有时候，我们可用下述说法来描述此种特征，这就是：说“善”和其它类似的词是“附加”特性或“继发”特性的名称。假设：有一幅画挂在墙上，我们正在讨论它是不是一幅好画，也就是说，我们正在争论是同意还是反对“P 是一幅好画”这一判断。我们必须懂

① 在英文中，“good”的基本意思是“好的”，在伦理学中则一般译为“善”。类似的情况还有“right”一词，其本意是“正确的”“对的”，但在伦理学中一般译为“正当的”或“正当”。——译者

得：这一语境清楚地表明，我们用“好画”来表示“好艺术品”而非“好肖像”这一意思——尽管这两种用法都可能是价值表达。

首先，让我们注意在这一语句中所使用的“好的”这个词的一
个极为重要的特性。假设：画廊上还有另一幅画紧靠着P（我将把
它称作Q）。又假设：或者P是Q的复制品；或者Q是P的复制 81
品；而我们不知道究竟哪一幅是复制品，却知道这两幅画都是由同
一位画家在差不多相同的时间里画的。在这里，有一件事是我们
无法说的，这就是，我们不能说“P在所有方面都酷似于Q，只是P
是一幅好画而Q却不是”。倘若我们这样说，就会招致人们的非
议：“如果它们非常酷似，怎么会一幅是好画，另一幅却不是好画
呢？在这两者之间必定存在某种**更深刻**的差异，使得一幅是好的，
而另一幅却不是好的。”除非我们至少承认“什么使一幅画是好的
而另一幅不是好的”这一问题提得切中要害，否则，我们就必然会
使听者感到困惑不解，他们会以为我们使用“好的”这个词的方法
出了问题。有时候，我们无法具体描绘究竟是什么东西使一幅画
是好的，而另一幅画却不是好的，但这里面总有某种东西。假设我
们在试图解释我们的意思时说：“我不是说它们两者之间有任何别
的差异，它们唯一的差异就是：这幅画是好的，而那幅画却不然。
当然，倘若我说一幅画**署了名**，而另一幅却没有，而且再也没有什
么别的差异的话，你就会明白我的意思了。所以，我为什么不能说
一幅画是**好的**而另一幅却不好，它们之间没有什么别的差异呢？”
对这一主张的回答是，“好的”这个词与“署了名的”这个词不相同，
在它们的逻辑中，存在着一种差异。

5.3.我们可以提出下列理由来解释这种逻辑上的特殊性：这

两幅画具有一种或一组特征，而“好的”这一特征在逻辑上便依赖于这一种或一组特征；所以，当然不可能其中有一幅画是好的，而另一幅画不是好的，除非这些特征也改变了。再引用一个相似的例子，不可能其中一幅画是**长方形的**，而另一幅画则不是，除非某些其它的特征也发生了变化，比方说至少有一个角的大小发生了变化。故对于“善”(好的)一词的实际作用的发现之自然反应，便是怀疑存在一组共同**致使**某一事物为善的特征，并着手探查这些
82 特征究竟是什么。这就是摩尔教授称之为“自然主义的”那些伦理学理论的起源。“自然主义”是一个不幸的术语，因为，正如摩尔本人所说的那样，从本质上说，为了这一目的而选择形而上学的或者超感觉的特征[来定义善]，可能会犯同样的谬误(即“自然主义的谬误”。——译者)。[①] 谈论这种超自然的东西也不是“自然主义”的预防剂。不幸的是，自从摩尔引进这一术语以来，人们对这一术语的使用一直都很不严格。我们最好是将自然主义这一术语限制在摩尔能有效反驳(或者能有效提供一种可以辨认的形式)的那些理论范围。在此意义上，绝大多数“情感的”理论都不是自然主义的，尽管人们常常这样称呼它们。“情感的”理论之错误是一种完全不同的错误。在后面(11.3)我将指出，自然主义理论的错误在于，由于它们试图从事实陈述中推导出价值判断，致使它们忽略了价值判断中的规定因素或赞许因素。倘若我的这一见解正确，那么，我自己的理论就不是自然主义的，因为它保存了这一因素。

① 《伦理学原理》，第 39 页。(有中译本，〔英〕G. E. 摩尔著，长河译，商务印书馆 1983 年版。)

这样一来，我们就不得不探究一下，是否存在一种或一组特征，它与善的特征的关系就像某些图画的角度与它们的长方形的联系一样？后者又以什么方式相联系？这包含对下述问题的回答：为什么只有当两幅画的角度也不同时，其中一幅是长方形的而另一幅却不是这一点才能成为事实呢？答案很清楚：“长方形的”意思是“各条线是直的及所交角具有一定的大小，即都是 90 度。”因此，当我们说一幅画是长方形的，而另一幅却不是的时候，我们是说它们角的度数不同，这样，倘若我们继续说它们并无不同时，我们就自相矛盾了。因之，说“P 在所有的方面都酷似于 Q，只是 P 是一幅长方形的画，而 Q 则不是”，可能是自相矛盾的；这种说法究竟是否自相矛盾，取决于我们意欲把哪些因素包括在“所有方 83
面”之中。如果我们意欲包括角的度数，那么这一语句就是自相矛盾的；因为，说“P 在**包括其角的度数在内**的所有方面都酷似于 Q，只是 P 是一幅长方形的画，而 Q 则不是”，是自相矛盾的；该说法包含着这样一种主张：即 P 的各个角既不同于 Q 的各个角，又并非不同于 Q 的各个角。

因此，我们所谈的这种不可能性乃是一种逻辑上的不可能性，它依赖于“长方形的”这个词的意义。这是一个逻辑上不可能性的非常简单的例子，还有一些较为复杂的例子。最近一些时候，那些否认可能存在综合先验真理的人们都一直认为，我们可以表明所有先验的不可能性都具有这种性质，即都依赖于指定给那些所使用的词的意义。他们的观点是否正确，仍是一个有争议的问题；但出于我论证的目的，姑且假定他们是正确的。这种争论已经达到如此阶段：即我们已经无法仅仅基于抽象的基础来论证它，而只能

通过仔细分析人们宣称为是先验真实然而却是综合的特殊语句，才能论证它。[①]

5.4.那么，让我们探询一下，“善”这个词是否与我们出于同样的理由已经注意到了的“长方形”这个词的行为方式相同？换言之，我们定义为具有一幅好画之特征的那些画的某特征，是否和我们把“所有的角都是 90 度并具有直线平面的图形”都定义为具有一种长方形特征一样呢？摩尔认为，他可以证明在道德中所使用的“善”这个词没有这种定义特征。但自他提出这种论点以来，就一直受到人们的攻击；无疑，这一论点的表述是有缺点的。但是，在我看来，摩尔的论点并非仅仅表面有道理；它是以一种可靠的基础为依据的，尽管依据的方式不可靠。在我们使用“善”这个词时，
84 确实存在有关使用该词的方式和目的的某种东西，使我们不可能坚持摩尔所攻击的那种观点，尽管摩尔也没有看清楚这种东西究竟是什么。因此，让我们用这样一种方式来重新阐述摩尔的论点，该方式将使我们明白，为什么“自然主义”站不住脚，这不单是由于摩尔所想到的“善”的道德用法，而且也是由于它的许多其它用法。

为了论证方便，让我们假设确有某些好画的“定义特征”，不论这些定义特征是什么，它们可以是一种单一的特征，也可以是一组相互关联的特征，抑或是一组不相关联的特征。让我们将这种特征称之为 C。这样，“P 是一幅好画”的意思就会与“P 是一幅画，而且 P 是 C”的意思相同。例如，假定 C 的意思是“具有一种倾向，这

---

① 我们可以在 D. F. 皮尔士关于《互补物的不一致性》(The Incongruity of Counterparts)一文中，找到这种分析的极好例子，见《心灵》杂志，ixi(1952 年)，第 78 页。

种倾向能在当时皇家艺术院的成员(或任何其他明确规定的人群)的心中,引起一种明确可辨认的、被称之为‘敬慕’的感情”。“明确规定的”和“明确可辨认的”这两个词是非加不可的,不然我们就会发现有人会在评价性意义上使用*这些定义*中的词语,而这会使定义不再是“自然主义的”。现在,假设我们想说,皇家艺术院的成员们在绘画方面具有很好的鉴赏力。在绘画方面具有很好的鉴赏力意味着,只对那些好的画具有那种明确可辨认的敬慕感情。因此,倘若我们想说皇家艺术院的成员们在绘画方面具有很好的鉴赏力,那么,根据上述定义来看,我们必定会说某种与下述说法的意思相同的东西,该说法是:他们对那些容易引起他们敬慕之情的画具有这种感情。

然而,这并不是我想要说的。我想要说的是他们敬慕好画;我说得出的只是他们敬慕他们所敬慕的那些画。因此,如果我们接受这种定义,我们自己就不能说某些我们有时候想要说的事情。稍后,我们就可以清楚地看到我们想说的是什么了。眼下,让我们 85
暂时说,我们想要做的是*赞许*皇家艺术院的成员们所敬慕的那些画。有关我们定义的某种东西却使我们不能这样做。我们可能不再是在赞许他们所敬慕的画,而只能是说他们敬慕他们所敬慕的那些画。因此,在一种关键情况下,我们的定义使我们无法赞许我们想要赞许的某种东西。这正是定义的毛病所在。

让我们将此情况一般化:如果人们以为“P是一幅好画”的意思与“P是一幅画,且P是C”的意思一样,那么,因为C而赞许画就会不可能,唯一可能的只是说它们是C。这种困难与我们已选择的特殊例子毫无关系,意识到这一点很重要。这并不是因为我选择了错误的定义特征，而是因为，无论我选择什么样的定义特征，人们都可以提出这样的反驳，即：我们不能再因某一种对象拥有这些特征而赞许它。

让我们用另外一个例子来说明这一点。我故意暂时排除道德上的例子，因为我想表明，我们正遭受到的逻辑困难尤其与道德无关，而只是由于价值词的一般特征所致。让我们考察一下“S是一种好草莓”这一语句。我们可以很自然地假设：这句话的意思只是说“S是一种好草莓，S甜蜜、多汁、坚实、鲜红而又硕大”。但是，这样一来，对于我们来说就不可能说某些我们在日常谈话中所说的东西了。有时候，我们想说，某种草莓之所以是好草莓，是因为它甜蜜等等。正像假如我们一想到我们自己这样说它，就立刻可以明白的那样，这么说并不意味着和说某种草莓是甜蜜的……因为它是甜蜜的……意思一样。但是，根据我们已提出的那种定义，这么说的意思就是如此。因此在这里，这种已提出的定义又使我们
86 无法说某种我们在日常谈话中能有意义地谈论的事情。

5.5.关于摩尔对自然主义的反驳，人们有时候也提出诘难，认为摩尔的证明太过火了——倘若它对“善”这个词是有效的话，那么，它对于任何只要是被宣称为可以用其它词来定义的词来说，也必定是有效的。摩尔的某些语句使他容易受到这种反驳，特别是他引述的巴特勒的那句口号更易如此，这句口号是：“任何事物都是它所是，而不是别的东西。”[1]当然，自然主义者们所主张的是，

---

① 在A. N. 普赖尔(A. N. Prior)的《伦理学的逻辑和基础》(*Logic and Basis of Ethics*)一书第一章中，可以见到对摩尔之反驳的这一方面的杰出批判。

“善”并不是不同于他们所主张的善之定义特征的“别的东西”。如果自然主义是真实的，且人们可以始终如一地坚持它的话，那么，自然主义者就会提出下列论证：“当我说 X 是一种好 A 时，且当我说它是 A，而 A 即是 C 时，我就是在说同一件事情；这就像当我说 Y 是一条狗仔和我说 Y 是一条小狗时，我是在说同一件事情一样。站在你的观点上，可能会对这种认为‘狗仔’意指‘小狗’的理论产生一种反驳，这种反驳过程大致如此：如果你接受这一定义，那么，‘一条狗仔就是一条小狗’这一语句就相当于‘一条小狗即是一条小狗’，而这是我们从来就没有想要说的事情，我们只是有时候才说‘一条狗仔是一条小狗’。因此，这种已提出的定义就阻止了我们说某种我们在日常谈话中可以有意义地说的事情。”

为了回答这种反驳，让我们探究一下我们在什么场合和为了什么目的使用“一条狗仔即是一条小狗”这语句。我认为，我们应该在正常情况下把这一语句作为一种定义来使用，这一点是很清楚的。当我们在解释什么是一条狗仔，或“狗仔”这个词是什么意思时，我们应该使用这一定义。但它不是人们通常用来说任何有关狗仔的实质性问题的语句，尽管我马上会考察一种可能的此类用法。因此，如果这一语句有什么意义的话，它也与“狗仔”意指 87
“小狗”这一原始定义没有什么不同。这并不意味着，该定义的每一种形式*作为一种定义*有什么毛病。如果一种定义是正确的，则它总在某种意义上是分析的，而在另一种意义上又总是综合的。若作为一个关于狗仔的语句，则该定义就是分析的；若作为一个关于“狗仔”这个词的语句，则它就是综合的。它决不是关于狗仔的综合性语句；倘若是，它就不是定义而是某种别的东西了。

可以通过考察一下我们的例子来弄清这一点。尽管“一条狗仔即是一条小狗”这一语句通常被用作“狗仔”这个词的一种定义，但这一语句在其形式上却容易引起误解，因为它拥有与某些不是定义的语句相同的形式——比如说，“一条狗仔是一个在啤酒桶内发现的怪物”。这一语句之所以会引起误解，是因为它是省略式的，而这一点又模糊了它是一种定义这一事实。我们可以用某种人为的做法来纠正这两种错误，该做法就是反过来说“‘如果任何东西是一条狗仔，它就是一条小狗（反之亦然）’这一英语语句是分析的”。这样做有一个优点，即能把原始定义中的综合因素与分析因素区分开来。若该定义正确，则引号内的那一部分就是分析的，因为该定义的功能就是去说它是分析的。另一方面，整个语句又不是分析的，而是一种关于引号内那一部分的综合性主张，我们可以通过研究英语的用法，来发现这种主张是否正确。因此，整个语句是一种关于词的综合性主张，而引号内的那一部分则具有一种关于狗仔的主张之形式，但因为它是分析的，所以它所主张的也就根本不是关于狗仔的内容。在整个语句中，都不存在一种关于狗仔的综合性主张。

5.6.我们可以设想这样一种情况，在此情况下，“一条狗仔即是一条小狗”可以被用来作出一种关于狗仔的综合性主张。该主张可与“一只蝌蚪即是一只小青蛙（或其它无尾两栖软体动物）”这
88 一语句相平行。后者可以用来告诉某人他已经通过“蝌蚪”这一名称学会区别各种动物种类的信息，而“蝌蚪”在长大的时候，就实际已变成小青蛙了。但是，我们并不能利用这种情况来支持那种反驳观点。假设有人反驳说：“你不能用你所寻求的那种方式来反驳

自然主义，因为在此情况下，你必定也会放弃‘蝌蚪’即‘小青蛙’这一定义。我们可以论证‘一只蝌蚪即是一只小青蛙’这一语句，因为我们大家都一致同意可以把这一语句用来作出一种关于蝌蚪（即它们可以长成小青蛙）的综合性主张，而根据这种定义，这一语句只是一种纯粹的同义反复。”不难看出，这一反驳是基于一种多义词性之上的。我们不能同时既主张“蝌蚪”的意思与“小青蛙”的意思相同，又主张“一只蝌蚪即是一只小青蛙”这一语句是一种综合性主张。或者，我们不得不把“蝌蚪”作为与“小青蛙”无关的东西来定义（比如说以一种表面性的定义或通过指着大量在水池中游动的蝌蚪来定义它）；在这种情况下，“一只蝌蚪即是一只小青蛙”这一语句确实是一种综合性主张，但“蝌蚪”的意思就不再是指“小青蛙”，而是指“你可以在水池中看见的正在游动的那种动物”；或者，我们不得不把“蝌蚪”定义为“小青蛙”，在这种情况下，“一只蝌蚪即是一只小青蛙”就成了分析的，而“那些正在水池中游动的蝌蚪”就不是一种表面性的定义，而是一种事实陈述了，大意是当那些在水池中游动的动物长大之后就会变成小青蛙。当然，事实上我们了解“蝌蚪”在这些方面的意义，而且了解它在这种程度上是多义性的。这并不会使我们烦恼，因为在这里并不会发生类似蝌蚪的动物不变成青蛙而变成比如说蛇的这种情况。但是，如果我们确实发现一种蛇在小时候像蝌蚪，我们就不得不作一种区分，即通过说“在你可以辨别类似的动物是否真是一只蝌蚪之前，你必须等待，以弄清它究竟是变成青蛙，还是变成蛇”，或者采用别的权宜方式来作这种区分。这是一种常见的逻辑上的困惑；稍后（7.5；11.2），我们还有机会再来讨论这一问题。人们可能以为，对 89

于“好”这个词来说,存在一种相似的“多义性”。我们将会看到,这个词既有描述力量,又有评价力量,而我们必须通过不同的手段并以相互独立的方式来了解这些问题。然而,我们在此尚无法多作解释。

在这里,只需指出,如果以这样一种方式来解释的话,这种反驳就不切要害了。因为我的论点是:我们不能够说“X 是一种好 A”与“X 是一种 A,且 A 即是 C”的意思相同,因为这样一来,就不能通过说“A 即是 C,而 C 即是好 A 的 C”来赞许是 C 的 A 了。就“蝌蚪”而言,相似的论证可能是这样的:即“你不能够说‘X 是一只蝌蚪’的意思与‘X 是一只小青蛙’相同,因为这样一来,就不能通过说‘一只蝌蚪即是一只小青蛙’来说蝌蚪会变成小青蛙了”。当然,倘若我们执着于“蝌蚪”等同于“小青蛙”这一定义,那么,我们确实不可能这样说;仅仅是因为有时候人们并不根据这种定义来使用“蝌蚪”这个词,我们有时候才可以把“一只蝌蚪即是一只小青蛙”作为一种综合性主张来使用。同样,正是因为人们有时候(实际上是在几乎所有情况下)不按照“自然主义的”定义来使用“好”(善)这个词,我们才可以为了赞许来使用这个词。

5.7.但是,还是让我们重新回到“一条狗仔即是一条小狗”这一语句上来,且撇开我们一直在考虑的那种可能的综合用法不谈,而集中注意它作为“狗仔”之定义的用法。我们正在考察的那种反驳意见坚持认为,有时候可以有意义地说:“一条狗仔即是一条小狗”,这样说的意思与说“一条小狗即是一条小狗”的意思并不一样。因此,让我们用前面提到的那种方式将这两个语句扩充一下,它们就分别成为“‘不论什么东西,倘若它是狗仔,则它就是小狗’

这一英语语句是分析的”，而“‘不论什么东西，倘若它是一条小狗，则它就是一条小狗’这一英语语句是综合的”。这两个语句都为真，但它们的意思并不一样。注意到以下一点很有意思，即：在这 90
里，在一种情况下，尽管“狗仔”的意思与“小狗”的意思相同，但它们并不能在不改变意义的情况下相互替代。但这丝毫不自相矛盾。众所周知，如果一语句用引号将另一个语句包含在其中，便并非总是能在不改变整个语句意义的情况下，用一种同义的表达替代引号里面的表达。因之，“他说‘这是一条狗仔’”，这一语句与“他说‘这是一条小狗’”，这一语句的意思并不相同，因为它们的实际语词是被报告出来的，而这一报告又使得这些词产生一种差异。同样道理，“辞典中说‘狗仔者，小狗也’”，这一语句，与“辞典中说‘小狗者，小狗也’”，这一语句的意思是不同的。同样，“当讲英语的人说‘狗仔’时，他们的意思与说‘小狗’是一样的”这一语句，与“讲英语的人说‘小狗’时，他们的意思与说‘小狗’的意思是一样的”这一语句的意义亦不相同。所以，“‘不论什么东西，只要它是一条狗仔，则它就是一条小狗’这一英语语句是分析的”与“‘不论什么东西，只要是一条小狗，则它就是小狗’这一英语语句是分析的”这两者的意思也不一样。因此，这两个语句的缩写“一条狗仔即是一条小狗”与“一条小狗即是一条小狗”两者的意思亦不相同。

但是，所有这些分析都与“好”（善）这个词的情况完全无关。这种反对意见的力量就在于：我们对“好”（善）这个词的自然主义定义的攻击，同样也可以施诸对“狗仔”这个词的定义；但由于后面这类定义很明显是合乎逻辑的（in order），所以，这种［对自然主义定义的］攻击必定有某些不妥之处。现在，我们对于“善”的自然主

义定义的攻击基于下述事实：如果“某一好的（善的）A”与“某一为C的A”意思相同这一点为真，则人们就不可能为了赞许A之为C而使用“某一为C之A是好的（善的）”这一语句，因为这一语句可
91 能是分析的，且可能等同于“某一为C之A是C”。这样一来似乎就很清楚了：我们是为了赞许A之为C而使用“某一为C之A是好的（善的）”这一句型，而当我们这样做的时候，我们所做的与当我们说“一条狗仔即是一条小狗”时所做的并不是一码事。这就是说，赞许与作为定义的语言学活动不是一码事。像“一条狗仔即是一条小狗”这种陈述的意义，是通过把它们扩展成为像“‘不论什么东西，如果它是一条狗仔，则它就是一条小狗’这一英语语句是分析的”这样的公开定义才得以保存的。后一个语句为真，且可以通过请教有教养的讲英语的人而获得证实。当然，哪些讲英语的人算得上是有教养的？这还是一个关于合理用词的价值问题，不过，在这里，这一点并没有什么关系。另一方面，我们又不能在不改变意义的情况下，将“某一为C之A是好的”这一句型改写成“‘某一为C之A是好的’这一英语语句是分析的”。因为后一句型肯定不能用于赞许，而前一句型则可以且实际是赞许；我们可以通过说“一种甜草莓是好的等等”来赞许草莓，但我们从不通过说“‘一种甜草莓是好的’这一英语语句是分析的”来赞许草莓。即使后一语句为真，它也不会是一种对甜草莓的赞许，而可能是一种关于英语语言的评论，而且可能是虚假的评论。

5.8.因此，那种认为可用来推翻价值术语的自然主义定义的手段亦可用来推翻任何定义的说法是不真实的。价值术语在语言中具有一种特殊功能，这就是赞许的功能；所以很明显，我们不能

够用其它本身并不能发挥这种功能的词来定义价值术语；因为如果这样做，我们就会被剥夺发挥这一功能的手段。但是，这一点并不适用于像“狗仔”一类的词；人们可以用任何其它可以发挥相同功能的词来定义“狗仔”。要决定这两种表达是否能发挥同样的功能，得诉诸词的用法。而且，因为我们正在尽力去做的，是说明“善”这个词的*实际*用法——而不是说明假如它的意义和用法已被 92
改变时它可能的用法——所以，诉诸词的用法是决定性的。因此，宣称自然主义者可随意按照其选择的某些特征来定义“善”，也不是对上述论点的回答。这样一种随意性定义在此完全不合适；逻辑学家固然可以随心所欲地自由定义他自己的技术术语，倘若他已清楚地表明他准备怎样使用这些术语的话。但是，这种语境中的“善”却不是一个用于谈论逻辑学家所谈论的事情的技术术语；它本身*就是*逻辑学家正在谈论着的；它是逻辑学家研究的对象，而不是工具。他正在研究着“善”这个词在语言中的功能，而且，只要他还想研究这一点，他就必须继续允许这个词在语言中具有这种功能，即赞许的功能。倘若他随意给这个词下定义，使这个词具有一种不同于它现在所具有的功能，那么，他就不再是在研究同一个问题了，或许他正在研究他自己设计的一种想象之物。

伦理学中的自然主义就如同试图求一与已知圆面积相等的正方形并试图“证明归纳法是正当的”，但只要还有人没有理解其间所包含的谬误，它就会不断出现。因此，提供一种简单的程序来揭露人们可能提出的各种新型的自然主义，可能有所裨益。让我们假设：某人宣称他依赖于某一定义，其大意是 V(一个价值词)与 C(一个描述性谓语的连词)表示相同的意思，便可以从一组纯事实

性或描述性的前提中，推演出一种道德判断或其它价值判断。我们首先必定会要求他确定C并不包含任何暗含评价性意义的词语（比如说，“自然的”“正常的”“令人满足的”或“人类的基本需要”）。按照这种检验标准，差不多所有的所谓“自然主义定义”都将破产——因为，一个定义若要成为名副其实的自然主义定义，就必须不包含任何这样的词语，因为这种词语的适用性中，不存在无需作
93 价值判断的明确标准。如果这种定义满足于这一检验标准，我们下一步就必定会问这种定义的倡导者，是否想因为C而赞许任何事物。如果他说是想如此，我们便只需指出，由于上述所提出的种种理由，他的定义会使他不可能作这种赞许。而且很明显，他不能说他从来就不想因为C而赞许任何事情，因为，由于C而赞许某事乃是他理论的全部目标。

六、意义与标准

94 6.1.前一章的论证已确立如下论点：作为一个用于赞许的词，“善”是不能用一组其名称不能用于赞许的特征来定义的。这并不意味着在被称之为“善行”（good-making）特征与“善”之间就**没有任何**关系，而只是意味着这种关系不是一种蕴涵关系。稍后，我将讨论这种关系是什么。但在此之前，我们既然已经表明“善”不能用自然主义提出的那种方式加以分析，就必须提防一种人们容易犯的错误。人们往往错误地认为：因为“善”不是一种复杂属性的名称（比如说，“好草莓”意味着“草莓甜、多汁、坚实、鲜红而硕大”），因此，它必定是一种简单属性的名称。当然，倘若“属性”所

意味的一切只是“一个形容词所指的东西”，那么，说“善”是一种简单属性的名称确也无妨，除了我们认为善在这种表面上简单但在哲学上却令人困扰的关系中是指各种属性物以外都可以这么看。但是，因为人们通常并不是在这种广泛的意义上使用“属性”的，所以，在这方面，该词的这种用法已经导致了严重的混乱，它导致人们在“善”与像“红”这样典型的简单属性词之间进行比较。我们现在要考察的正是这种比较。由于确立一种把简单属性与复杂属性区别开来的逻辑标准实际上非常困难，所以我不想把这一论证狭隘地限制在该比较所提示的范围；我将使用的这些论证同样也可以用来反驳这样一种理论：该理论认为，在一种通常为人们所接受的意义上，“善”即是一种复杂属性的名称。这些论证是对另一系 95
列论证的补充，后者是由图尔闵先生精心提出来的，亦用于反对一种类似的理论。①

“红色的”一词的特点是，我们可以用某种方式解释这个词的意思。有人认为，我们可以通过探究我们如何解释词语的意思，来研究它们的逻辑性质，这一观点来自于维特根斯坦。该方法的要点在于，先说明学习者为何会误解词语的意思，再以此来帮助他们认清，怎样才能正确理解词语的意思。让我们假设，我们正努力教一位外国哲学家学习英语，他有意或无意地犯了他在逻辑上可能犯的所有错误（因为，任何人实际上犯了什么错误或避免了什么错误，是无关宏旨的）。所以，我们必须假定：当我们开始时，这位外国哲学家对英语一无所知，而我们对他的语言也一无所知。在某

① 《理性在伦理学中的地位》，第二章。

一阶段，我们将会先接触到一些简单的属性词。如果我们要对此人解释“红色的”一词的意义，我们就可以从下述过程开始：我们可以带他去看看邮筒、西红柿、地下列车等等，而且指着每一个对象对他说：“这是红色的。”尔后，我们带他去看看除了颜色之外绝大部分方面都相同的那些东西（比方说，看看英格兰和爱尔兰的邮筒、成熟了的西红柿和没有成熟的西红柿、伦敦的货车和主要干线上的电动列车），每到一处，我们就告诉他：“这是红色的，那不是红色的，而是绿色的。”用这种方式，就可以使他学会“红色的”这个词的用法，熟悉该词的意思。

有人很容易这样假定，所有在任何意义上可运用于事物的词的意义，都可以用同样一种方式直接地或间接地来表达，但众所周知，事实并非如此。人们就不能用这种方式来处理“此”这个词，或许也不能用这种方式来处理“Quaxo”这个词——倘若我们完全可以用一个词来称呼一只猫的名字的话。探询一下，我们是否可以这样解释“善”的意义？如若不能，又是为什么？这是颇有裨益的。

6.2.“善”（好）的特征之一，是它可以用于许多不同种类的对
96 象。我们可以有好的板球棒、好的计时器、好的灭火机、好画、好夕阳、好人。“红色的”这个词也是如此，我们刚刚列出的所有对象都可以是红色的。那么，我们必定首先要问：在解释“好”这个词的意义时，我们是否能够立即解释它在所有这些词语中的意义？或者说，我们是否有必要先解释“好的板球棒”，然后在第二堂课中解释“好的计时器”，在第三堂课中解释“好的灭火机”，等等？如果是后者，我们在每一堂课中，是否都应该教授全新的东西——就像我们

在前一堂课中教授了“高速摩托车”的意义之后，又教授“速效染料”的意义那样呢？或者只是用一个不同的例子来重复同样的课程——就像我们已经教授过“红色摩托车”之后再教一下“红色染料”这样？抑或，还会有第三种可能性？

那种认为即令前一天我们已经教过“好的板球棒”，“好的计时器”也可能是一种全新课程的观点很快会遇到许多困难。因为这种观点的意思是，在任何时候，学习者都只能在谈到他迄此为止已学习过的那类对象时运用“好的”这个词。他永远也不能直接对新的对象使用“好的”这个词。在他只学过“好的板球棒”和“好的计时器”时，他就不能应付“好的灭火机”，而当他只学过后者时，他也依旧无法应付“好的摩托车”。但实际上，关于我们使用“好的”一词的方式，最值得注意的事情之一，是我们可以将它用于我们以前从未称之为“好的”全新类的对象上。假设某一个人第一次去采集仙人掌，并将所采集到的一株仙人掌放在壁炉架上——这是该国最好的一株仙人掌。然后再假设有一位朋友看见了它，并说：“我也得弄一株仙人掌。”于是，他从仙人掌的生长地订购来一株，也将其放在壁炉架上，而他的朋友进来看见时却说：“我的那株仙人掌 97
可比你的好。”他是怎么知道用这种方式来运用“好的”这个词的呢？他从来就没有学过将“好的”一词运用于仙人掌上，甚至压根儿就不知道任何能将一株好的仙人掌与一株差的仙人掌区分开来的**标准**（因为尚没有任何标准），但他却学会了使用“好的”这个词，并在学会之后能将它运用于他想分出优劣等次的任何对象之上。他和他的朋友可能就好仙人掌的标准发生争执，他们也可能各自都尝试着设置出相互对立的标准。但是，只有当他们从一开始就

是在毫无困难的情况下使用“好的”这个词时，他们才可能这么做。因此，由于人们可能在没有进一步指导的情况下将“好的”一词运用于一类新的对象，因之，学习把“好的”一词用于一类对象，与学习将它用于另一类对象，并没有什么不同——尽管学习一类新的对象的好的标准可能每一次都是一种新的课程。

我们说“好的仙人掌”的用法不应是一种新的课程，这可能令人奇怪，因为，好的仙人掌与好的计时器似乎没有什么共同的地方，好的计时器与好的板球棒似乎也没有什么共同的地方。然则，我们似乎无须他人指教什么就能以某种方法学会将“好的”这个词用于一种特殊类型的对象，使我们能将它运用于该类对象的某一组成部分上。假设：在讲授“好的”意义时，我们决定不考虑好的计时器、仙人掌和板球棒之表面的相异点；又假设：我们继而不惜花费巨大力气找出可以在不论什么对象上发现的某种东西，并说：“你看，这就是使某一事物成为好的的东西了，当你已经学会识别那种难以捉摸的性质时，你就会知道这个词的意义。”乍一看来，这似乎是一个自然的程序；因为，倘若“好的”这个词的用法对于所有种类的对象来说都是共同的，那么，假设如果该词具有一种共同意义，而它所指称的东西都有一种共同属性，就像“红色的”这个词一样，这也就是自然而然的了。

这种努力注定要失败。但即令我们不能为所有被我们称之为
98 “好的”的各种对象找到一种共同属性，我们也可以用一种雄心较
小的方式来实施我们的计划，可以放弃只找一种共同属性的努力，
满足于将该词的诸种用法分成几组，再在每一组用法内部寻找该
词所指涉的共同属性。因此，我们可以认为，我们也许能在第一堂

课讲授该词在其“内在”用法上的意义，然后在第二堂课接着讲授它在其“工具性”用法上的意义，如此递进而已。

这种程序也会碰到许多困难。提出这种程序的人们常常对“内在的”善非常感兴趣；因此，他们之所以把“工具性的”善分开，只是想忽视它。这意味着他们也忽视了用这种方式处理“工具性的”善的巨大困难。我提议采用一种相反的方法；我将把“内在的”善暂时放在一边，探询一下是否有可能把“工具性的”善作为一种共同的表面属性来处理。

6.3. 上面提出的程序可以有两种不同的变体。一种是试图在这样一种假设上来解释在“工具性意义上”所使用的“善”的意义，该假设是：我们所寻求的共同属性，即是有助于“内在”意义上的善的那种属性。这是很难成立的，因为我们是用一种无助于“内在的”善的工具性方式来称许多东西“如此这般的善（好）”的，例如，好手枪（它可以像警察手中的枪一样，在某个杀人犯的手中也是好的）。在此，我们姑且假定，这个词有一种“工具性的”用法，但是，人们似乎是以与在用“好的计时器”这一用法中完全一样的方式来使用“好的”这个词的。好的计时器也并不总是有助于内在的善——假如它们被用在正准备对那些已选定的人们（不论是什么人）投掷原子弹的飞机上，它就无助于内在的善了。

另一种变体则是基于这样一种假设来解释“在工具性意义上”使用的“善”这个词的意义的，该假设是：该词的意义与“有效的”意 99
义相同，也就是说，它有助于它所针对的那种目的。也可能“善”有时候确有此意；现在，我暂不讨论它究竟是否有这种意思，而只讨论假如它有这种意思，“有助于它所针对的那种目的”是否是一种

属性，即是否是我们能在一堂课中教给外国人辨识的那种属性。让我们假设，我们在试图这样做。我们带他去许多人那里看看，这些人正在用某种东西做某事，我们对他说："那是一个善的 X，这不是一个善的 Y"，如此等等。但是，假设他非常迟钝，或他假装如此，我们就可以带他去看板球棒、计时器和灭火器，每看一种东西就向他指出何者是好的，何者不是好的。但他仍然拒不承认他可以识别一种对所有这三种东西都是共同的属性。他的困难显而易见。好的灭火器之不同于坏的灭火器，在于它能迅速灭火而又无烟雾，等等；好的计时器之不同于坏的计时器，在于它能给出格林威治标准时间，易于读数，等等；好的板球棒之不同于坏的板球棒，则在于它能击球遥远而迅疾，又无痛感，等等；但是，在这三种性能中，他可以学会识别的共同之点几乎没有。我们把它们都称之为"这些器具用以达到的目的"，但这种共同的指称也表现出同样的困难，如同我们在讨论"好的"这个词本身时所遇到的困难一样。因为，除非我们可以教会他在任何新的对象上独立地（without assistance）认识这些对象被用来达到的目的，否则我们仍然不得不每次都给他上新课，尽管这种新课不是有关"好的"这个词的，而是有关"目的"这个词的。"目的"这个词表现出与"好的"这个词相同的问题这一事实告诉我们，在这两种情况下，问题的根源如出一辙。我们还记得，亚里士多德曾经把"目的"一词作为哲学中的一个技术性术语，并将它定义为"一种靠行动来取得的善"。[①]

① 《尼可马克伦理学》，1097ª 第 23 行，1141ᵇ 第 12 行。

6.4. 有某一类词我们可以广义地称之为“功能词”（functional 100 words）。为了充分解释这种词的意义，我们必须指出它**为了**什么目的，或者它应该去做的是什么。如果一个词具有这种特性，则它就是功能词。功能词不仅包括狭义上的各种工具名称，而且也包括各种技术专家和各种技术的名称。在我们了解一位木匠应该去做什么之前，我们是不知道木匠之为何人的。同样，在我们通过《简明牛津英语辞典》知道螺旋钻不单有“很长的尖头柄，……”而且它也是“木匠用来在木头上钻孔的一种工具……”之前，我们也不知道螺旋钻之为何物。在此意义上，我们无法通过带我们的外国朋友观看大量螺旋钻向他解释“螺旋钻”的意义，当他看到一个螺旋钻时，我们也不能教他认识之。他也许可以准确无误地认识螺旋钻，但还是不会知道它是用来做什么的，因之也不会充分了解辞典中给予螺旋钻一词的那些意义。

把我们将要考察的“这不是一个好的螺旋钻”之类的语句视为是基于“螺旋钻”一词的这种特征之上（即基于它是一个功能词这一事实之上），较之于认为“螺旋钻”在这一语句中具有一种特殊意义的说法，更有助于我们澄清问题。在这个语句中，我们凭借所使用的这些词的意义，可以很容易地把握一个好的螺旋钻的必要标准之一；但是，我们是通过“螺旋钻”这个词来把握这一标准的，而不是通过“好的”这个词来把握它的。如前所述，我们有可能建构各种仅仅是从陈述式小前提中推导出来的“假言式”祈使句，而且只有通过把所需祈使句的大前提作为结论之一部分而包括在一个“如果”从句之内才能这么做。这里，我们也有一种相似的做法。了解一个螺旋钻是作什么用的，也就是了解螺旋钻应该实现的目

的，也即是要了解能够使螺旋钻是一个好螺旋钻的必要条件；或者说，倘若一个螺旋钻不能钻孔，则它就不是一个好螺旋钻。但是，如果我们定义“螺旋钻”的方式使用此大前提是分析的，那么，通过
101 把“螺旋钻”一词包括在“这不是一个好螺旋钻”之结论中，我们就可以单从陈述式小前提中推出“这个螺旋钻不能钻孔”的结论。

但是，要了解螺旋钻是作什么用的，也无外乎就是要对好螺旋钻之标准有一非常基本的了解；但这只是了解螺旋钻的一个必要条件而已。人们可以用很差劲的螺旋钻来钻孔。的确，我们可以说，如果一个螺旋钻完全不能钻孔，那么，它肯定是一个坏螺旋钻，但这只是我们就“螺旋钻”的定义本身来说的。因为这一缘故，“好的螺旋钻”的意思远远不止于“有助于螺旋钻被用来达到的目的——即钻孔”这一点，它至少意味着“有助于**很好地**完成螺旋钻被用来达到的目的——即**很好地**钻孔”这一意思。所以，即令我们的外国朋友业已知道什么是螺旋钻，也还有许多有关好螺旋钻之标准的事情是我们必须教给他的。比如说，我们就得教给他，一个好的螺旋钻不会使手磨出血泡、不生锈，而且能钻边缘清晰光滑的孔。

然而，让我们再探询一下，在教外国朋友认识螺旋钻是用来打孔的这一问题时，最低限度应包括哪些内容。我们可能非得带他去看一看人们是怎样用螺旋钻来打孔的。他也可能不得不去了解这些人正在做什么。倘若他以为这些人正在锻炼手腕，我们就不能用这种演示方式，对他解释螺旋钻是作什么用的了。此时要努力产生的结果就是在服从于我们的知识和能力之限制的情况下，去**选择**做有助于这种结果的事情。因此，努力去钻孔也即是选择

去做那些有助于钻孔的事情(包括选择那些工具)。

如果我们并不试图解释螺旋钻是作什么用的,而是想解释它是为何而设计的,那么,上述“选择”一词本身就是强行出现的(obtrude itself)。为了钻孔而设计一种工具,即是选择以有助于钻孔的方式来制造这种工具。“选择”一词本身以此方式而强行出现这一事实是极有意思的。去选择,也就是去回答“我将做什么?” 102
这种形式的问题。一个正在为钻孔而设计一种工具的人问自己:“我将用什么样的设计来制造这种工具?”他会回答说:“这种设计应有助于钻孔。”一个正想钻孔的人问自己:“我将使用什么样的工具呢?”他回答自己说:“这种工具将有助于钻孔。”因此,眼下的讨论与本书第一部分的讨论之间有一种重要联系。但是,还是让我们重新回到我们的外国朋友这里来。现在可以确立的一点是,倘若我们可以向他解释选择是什么的话——或者倘若他已经知道什么是选择的话——那么,我们就可以向他解释怎样弄清每种工具是作什么用的;而且,倘若我们可以解释这一点,我们也就可以向他初步说明如何区分好工具与坏工具。另一方面,倘若他不理解选择究竟是什么,那么,他就不会明白我们的各种解释。

因此很显然,我们在此也处于一种类似于我们前面所提及的那种境况。使人们知道是什么使任何一类对象中之一员成为该类对象中好的一员,这对于每一类对象来说,确实是一门新课;但尽管如此,“好的”(善)却具有一种永恒不变的意义,一俟人们了解了这种意义,不论他们讨论哪一类对象,都能理解这种意义。正如我已经说过的那样,我们必须在“好的”(善)这个词的意义与它的应用标准之间作一种区分。即令是就工具性的善而言,对于所有种

类的对象来说，也不存在一种共同标准。我们仍然不得不每一次都向学员讲授某种新东西。确实，“有助于”这个词将出现在我们所有的解释中，但在这些词之后，还会出现一些其它表达式，诸如“钻孔”或“走得很准”等等；在每一种情况下，这些表达式都各不相同。如果我们不写成所有这些各不相同的表达式，而是写成“……这工具是作什么用的”这种共同的表达式，我们就得重新引进一种
103 表达式，该表达式的意义是不能通过像“红色的”那类技术来加以解释的。它要求人们理解“选择”是什么；不论我们在解释“孔钻”或“计时器”时诉诸选择，还是仅仅靠举例来（不充分地）解释词的意义，因而在我们不得不解释“好孔钻”或“好计时器”之前不诉诸选择，这种理解都是必要的。

因此，那种“工具性的善”的概念虽然原本是引进来缓解“为各类对象设置新课”之困难的，但并未达到这一目的。总而言之，根本不存在任何在所有情况中都是可辨认的那种共同属性，在这些情况中，某一类——不管是哪一类——对象中的一员可以被说成是“工具性的善”。因此，即使我们将“善”（好的）这个词的用法分成某些宽泛的种类，如“工具性的善”“内在的善”等等，我们依旧无法将我们运用于“红色的”这个词的技术运用于这些类别内部的解释。在某一类别内部，我们可以教人们运用“善”这个词的标准；但这并不是讲授该词的意义。一个人甚至可以学会区别好螺旋钻与坏螺旋钻而全然不晓“好”的意思是什么；也就是说，他可以学会把螺旋钻分类成堆，以示好坏，而且可以完全正确地这样做，但他却未意识到，这种分类是出自挑选出一些螺旋钻而*不挑选*另一些螺旋钻的目的。例如，假设他正要和我们一道去远航探险，我们对他

说:“别忘了带上一个螺旋钻”,而他却带了一个坏螺旋钻,我们会因此认为他并不知道“好螺旋钻”的意思,尽管他完全能区别好螺旋钻和坏螺旋钻。

6.5.现在,我将描述这样一种方式,假定我们的外国朋友已经知道了“选择”这个词的意义,我也许确实能用这种方式在一堂课中向他解释清楚“善”(好的)的意义,而该方式自相矛盾的性质又将加强我一直在确立的那种论点。假设:我要他教给我一种他本国的游戏,他说他将教我玩 shmashmak 球游戏。他解释说,这种 104
游戏是用一种被称之为 shmakum 球的东西来玩的。我在要他给我描述一下 shmakum 球,或者在他开始解释这种游戏之前问他:“你上哪儿弄到这些 shmakum 球呢?”他回答说:“到 shmakum 球制造商那儿去买,在我们国家里,每一个城镇都有一条街制造 shmakum 球。”然后我又问他:“假如你要买一个 shmakum 球,又上了那条街,制造商们向你提供各种类型的 shmakum 球,且价钱都差不多,你会选择什么样的 shmakum 球?”他回答道:“倘若其它方面都相同,我会选择击球最多的 shmakum 球。”于是,我又冒昧地说了一句:“哦!我明白了,那么,你认为**最好的** shmakum 球,就是那种你可以击球最多的 shmakum 球。”

我为什么能这么说,这也许会使我的听者大惑不解。我们必须假定,他在与其它形容词的类比中,已经知道“最好的”是“好的”之最高级。但令人奇怪的是,尽管我并不知道怎样玩 shmashmak 球游戏,也不知道 shmakum 球是啥样子,亦不晓得如何去击球,而仅仅由于他告诉我倘若其它方面都相同,他会选择那个他可以击球最多的 shmakum 球,我就冒昧地猜出,他认为这种 shmakum

球乃是最好的一种。但他很可能会问我——一个对该游戏一无所知的人，怎么能识别出他所认为的那些 shmakum 球具有的属性呢？而除了他自己可以用这些 shmakum 球击最多的球之外，我又如何识别他用哪一个 shmakum 球才能击最多的球呢？

现在，我们必须考察一下我所归诸他的这种见解，看一看这种见解的某些逻辑特征。这种见解是：

> 最好的 shmakum 球是那种击球最多的 shmakum 球。

105 让我们将这一语句称之为 A。进而，让我们首先注意到：A 并不意指与下列语句相同的意思，我把后者称之为 B，它是这样的：

> “最好的 shmakum 球”这一词语的意思是“我可以用其击球最多的 shmakum 球”。

因为，如果我说他想的是句 B，我就把这样一种见解归诸他，而就他的情况来说，在他看来主张这种见解是非常奇怪的；因为这是一种认为一个词(“最好的”)的意义与一个短语(“击球最多的”)相互对等的见解；而且，既然他并不知道(甚至我也不认为他知道)“最好的”这个词的意义，他又怎么能获得关于什么样的短语才会与它相等的见解呢？

让我们再把这种观点具体化。我知道“最好的”这个词的意义，但不知道“shmakum 球”或“击球”的意义；而他却知道后面这些词语的意义，但不知道“最好的”这个词的意义。所以，我们两个人实际上都不能说 B。但是，我已经说过他心里想的是 A；也就是说，我已经把一种见解归诸他了，但这种见解不是关于词的意义的，而是关于事实上什么是最好的 shmakum 球的见解——倘若我们之间有一个人像所需要的那样知道将要使用的那些词的意义，那么就可以通过说句 A 将这种见解表述出来。

而且，通过这样一种方式，我现在已经能够在一堂课中向他解释“最好的”因而“好的”的意义了。因为我已经发现，他在某种程度上**具有**关于 shmakum 球的**想法**，而适合于这一想法的语言学表达正是句 A。这种想法与选择或倾向于去选择具有某种关系。但这种解释的自相矛盾的特征是：它涉及一类对象（shmakum 球），而我又不知道这类对象的好的标准。这表明，解释“好的”的意义，与解释其应用的各种各样的标准完全不同。当然，这种解释并不是一种逻辑分析，因为我们在这一章里并不涉及逻辑分析；但它至 106
少勾勒出了这样一种方式的轮廓，用这种方式，可能会帮助一个并不知道“好的”意义的人理解这种意义。

6.6. 在这一点上，一个浮浅的观察者可能会误解我在解释“好的”这个词的意义时所使用的那种程序。因为他可能会说：“确实，我们现在可以看到‘好的’（善）这个词毕竟和‘红色的’这个词一样。它关涉到一种共同属性，而唯有这种共同属性才使它不同于红色而具有一种用特殊方法所无法把握的特征。事实上，正是这种属性产生了，或者是以某种方式与某些内在的经验相联系，除了拥有这种人的经验之外，人们是无法体验到这种经验的；我们可以把这些经验称之为目的性的或偏向性的经验，而我们所涉及的像‘试图’‘旨在’‘偏向于’‘选择’等等这类词，就是这些经验的实例”。这种反对意见会继续指出：“当然啰，如果一个词涉及某一种类型的经验的话，你就不能对某个从来没有这种经验的人用例证定义它，但这对于‘红色的’一词也是同样适用的。对于某个从未

看到过红色东西的人来说，你就无法用例证定义‘红色的’这个词。”这种反对意见的后果可能会推倒我的全部论点，因为我一直都在坚持“好的”（善）不同于“红色的”，原因是前者的意义独立于它的应用标准。但是，如果“好的”应用标准具有某种目的性或偏向性经验的话，就不再可能用我一直努力说明的那种方式将意义与标准区别开来了。因为情况可能会是这样的：人们可能靠让我的外国朋友获得这些经验，然后告诉他“善”这个词可以适当地运用于这些经验对象，来对他解释“善”的意义，而这会使“善”酷似于“红色的”——因为你也是通过让学习者获得某些经验，然后告诉他“红色的”这个词可以适当地运用于这些经验对象，来解释“红色
107 的”意义。因此，我要求推翻这样一种假定：即认为我们可以通过下述说法充分解释“善”这个词，该说法是，“善”可以适当地运用于某些可以认识的经验对象。在此值得注意的是，这是一种与道德语境中的“善”相联系的为人熟悉的理论，因为有人认为，在这些语境中，单单靠观察我们是否具有某些对于这些对象的经验，就可以识别“善”这个词是否可以运用于某一对象——比如说，“道德赞同”的经验，或者是一种“合宜感”的经验。[①]

我们必须注意到，在我对我的外国朋友解释“好的”一词的最后阶段之关键点上，发生了这样一种情况：我从他那里了解到，如果其它方面相同，他会选择一个他可以击球最多的 shmakum 球，

① “合宜感”（sense of fittingness）这一道德观念源于英国17、18世纪古典情感主义伦理学，后亚当·斯密在其伦理学名著《道德情操论》中，对这一概念有过充分论述。

另参见周辅成主编《西方伦理学家评传》，“亚当·斯密”篇。上海人民出版社1987年版。——译者

而凭这一点，我告诉他，他**已认为**最好的 shmakum 球就是那个他可以用来击球最多的 shmakum 球。我并没有告诉他，我凭借这一点就说最好的 shmakum 球**是**那个他可用来击球最多的 shmakum 球，这一点极为重要。因为，如果我知道 X 可能选择——假如其它方面都相同——那个他可以用来击球最多的 shmakum 球，那么，我便或多或少能有把握地说“X **认为**，最好的 shmakum 球是他可以用来击球最多的那个 shmakum 球……”，虽然这可能是事实，但事实绝对不是我有把握地说“最好的 shmakum 球**就是** X 可以用来击球最多的那个 shmakum 球。”因为，假设我的听者误解了我的议论，并以为他可以正确地把“最好的”这个词运用到任何一种东西上去，而事实上，假如其它方面都相同，他就会选择这种东西。然后再假设，我们要求他告诉我哪一根曲棍球棒最好，作为这种游戏的一位初学者，他可能会选择能最少失球的那一支，并说：“这是最好的一支，在你告诉我有关‘最好的’这个词的意义之后，我知道选择这支球棒是正确的，因为这就是我要选择的那一支球
棒”。但这样一来，我就不得不对他解释，他做错了，因为他选择 108
那支曲棍球棒这一点表明，它不是最好的，而只是他认为是最好的。

我们可以通过下述分析弄清这位学习者所做的事情。尽管有各种相反的经验，但他还是继续假定，标准和意义是同一码事。因此，当他从我前面的评论中颇为正确地了解他已有的那种想法之后，他便通过说最好的 shmakum 球是……，来正确地表达他选择或倾向于选择某一种 shmakum 球时所具有的这种想法，而且，他在了解到这一点之后，就不仅已经了解了“好的”这个词在运用于

shmakum 球时的**意义**，而且也了解了它运用于任何其它东西时的**意义**，如此一来，他便很自然地以为，他也在某种程度上了解了运用这个词的**标准**。但实际上，他根本不了解运用这个词的标准。因为他虽然知道了关于 shmakum 球的标准，但关于其它东西的标准，他却一无所知，因为这些东西的标准与 shmakum 球的标准完全不同。他所了解到的是这个词的**意义**，但对于其**标准**，他却一无所知。而且，由于标准不同于意义，因而虽然他完全可能在充分了解这个词的意义的情况下使用该词，但由于他对正确的标准一无所知，他也完全可能将它运用到错误的对象上去。因此，即令他没有用我在上一段里所描述的那种方式误解我的意思，即令他正确地了解了“好的”意义，他仍然可能会说“最好的曲棍球棒就是那支我可以最少失球的球棒”。他在这样做时是在正确地使用“好的”这个词来表达他所具有的关于曲棍球棒的想法——即：表达他所具有的关于他选择或倾向于选择这样一根曲棍球棒的想法，但是，很自然地，他也是正在选择那种我们——我们知道选择曲棍球棒的标准——知道是不好的曲棍球棒。

而且，人们并不一定是由于相信“内在经验”而导致我刚才所
109 提到的那种混淆。那些完全按照“偏向性行为”来解释“选择”的人也可能犯同样的错误。某个人或某些人对某一类事情采取偏向性行为这一事实本身，并不是我们说该类事情是好的之必要条件或充分条件，而只是许多使我们想说这些人**认为**它是好的一类东西中最重要的一种而已。假设，我们正在研究“好的饮料”的意义，我们发现，美国人偏爱可口可乐，而俄国人却偏爱伏特加酒，他们都各自用“好的”这个词和俄文中相应的词来形容这些饮料。但这并

不表示英语词与俄语词在意义上有什么区别，这仅仅表明美国人和俄国人认为好的饮料是什么类型的而已，它有助于我们发现分别流行于美国和俄国的好饮料之标准。毋庸赘述，这种混淆并不只是限于好饮料这一问题——所有那些认为他们对偏向性行为的研究可以发现“好的”一词之意义的人，都必定会发现下列可靠的行为引导：他们应该继续像他们正在做的那样做，或者是像他们所研究的绝大多数人那样去做。[①]

必须说明的是，到此为止，我一直忽略了“意指”这个词的一个普通意味，在该意味上，说意义不同于标准显然不真实。假设我最后成功地使我的外国朋友明白了我迄今为止一直在使用着的“好的”这个词的意思是什么；而且，为了庆祝我们的成就，我们到他的国家进行了一次旅行，并观看了一场 smashmak 球赛。然后再假设他对我说：“那位刚刚上场的小伙子是我们国家最好的 smashmak 球手。”我可能会问他：“你说最好的球手是啥意思呢？”他可能会回答说：“我的意思是说，他总是创造击球最多的纪录。”
在这里，我所问的和他所答的，显然是称那位小伙子为最好的 110
smashmak 球手的标准问题；同样，我也极有可能会说：“是什么使你把他称为最好的球手呢？”而且，除非我已经知道“最好的 smashmak 球手”这一词语的意思(这是“意思”的第一种意义，它与标准无关)，我是不会问他“你说最好的球手是什么**意思**？”这一问题的(这是“意思”的第二种意义，它与标准有关)。我压根儿就

① 关于这一点的更深入的讨论，可参见我在《心灵》杂志上发表的关于 R. 莱普利(Ray Lepley)编：《价值：一种合作的探索》(*Value, a Co-operative Enguiry*)一书的评论，载该杂志第 lx 期(1951 年)。

不想否认在这种语境中,"意思"一词的这种意义的实际存在;由于人们把这种意义与我一直在集中精力探讨的该词的其它意义混淆起来了,因而它造成了我一直在尽力澄清的大多数麻烦。

七、描述与评价

111 7.1.在上述论证提出的一切问题中,关键的问题是,例如关于草莓,我们可以谈两类事情:第一类我们通常称为*描述性的*,第二类称为*评价性的*。第一类说法的例子是,"这种草莓是甜的"和"这种草莓硕大,鲜红而多汁"。第二类说法的例子是,"这是一种好草莓"和"这种草莓真可以说是名副其实"。人们往往把第一类说法当作发表第二类说法的依据,但第一类说法本身并不蕴涵第二类说法;反之亦然。可是两者之间似乎存在着某种密切的逻辑联系。我们的问题是:"这种联系是什么?"因为只说存在着一种联系并不能够说明什么问题,除非我们能够说出这种联系是什么。

我们也可以用这样一种方式来提出问题:如果我们知道某一种草莓所具有的一切描述性属性(即知道每一个涉及那种草莓的描述性语句,不论它是真还是假),并且如果我们还知道"好的"这个词的意义,那么,为了使我们能够识别一种草莓是否是好的,我们还需要知道些什么呢?一旦我们用这种方式提出问题,答案就会相当明显了。我们还需要知道的是,人们赖以能够将一种草莓称为好草莓的标准是什么,或者说,是哪些特征使一种草莓成为好草莓;或者说,好草莓的标准是什么。所需要的是给予大前提。我们业已看到,我们能够在不知道后面这些事情的情况下了解"好草

莓”的意义——尽管“把一种草莓称为好草莓的意思是什么”这一语句也是有意义的，因为我们是不会知道它的答案的，除非我们也 112
知道对上述其他问题的答案。现在该是我们阐明和区别这两种方式的时候了，据说我们可以用这两种方式来了解把某一对象称为好的是什么意思。这将帮助我们既能更清楚地了解“好的”一词与“红色的”和“甜的”这些词之间的差别，又能看到它们之间的相似之点。

由于我们一直都在探讨它们之间的差异，我们现在不妨提到一些相似之点。为此，让我们考察一下这样两个语句：“M 是一辆红色的汽车”和“M 是一辆好汽车”。人们将会注意到，与“草莓”不同，“汽车”是个我们在前一章所定义的功能词。查一下《简明牛津英语辞典》，我们就可以知道：汽车是一种运输车辆，而运输车辆就是一种运输工具。因此，如果一辆汽车不能运送任何东西，我们就可以根据汽车的定义知道这辆车不是一辆好汽车。但是，当我们知道这一点时，与我们为了想知道一辆好汽车的全面标准而必须具备的知识相比，我们所知无几，因此我为了简略起见打算在下文不再探讨这种复杂的因素。我将把“汽车”看作仿佛不必从功能方面加以界说的词来处理。这就是说，我将假定，单靠人们给我们提供一些有关汽车的实例，我们就能（正如按照“我们确实能够”这样的意思而言）了解“汽车”的意义。当然，我们并不总是能够轻易地说明一个词是不是功能词，这像所有关于意义的问题一样，有赖于某一位说话的人是如何理解这个词的。

“M 是一辆红色的汽车”与“M 是一辆好汽车”之间的第一个相似之点是，两者都可以并且往往被人们用来传达一种纯事实性

的或描述性的信息。如果我对某人说“M 是一辆好汽车”，而他本人既没有见过 M，也对 M 一无所知，但另一方面他却确实知道我们惯常称什么样的汽车为“好”汽车（即知道好汽车的公认标准是
113 什么），他无疑会从我的话语中明白 M 是什么样的汽车。倘若他后来发现 M 的行驶速度达不到每小时 30 英里，或者耗油太多，或满身锈斑，或车身顶部有些大洞，他就会抱怨我欺骗了他。他抱怨的理由将类似我说那辆车是红色的而他后来发现它是黑色时会产生的抱怨一样。我可能已经使他认为那辆汽车应该是何种类型的汽车，但实际上它却是另一种截然不同的汽车。

这两句话之间的第二个相似之点是这样的：有时候，我们实际上不是用它们来传达信息，而是要使我们的听者以后能够用“好的”或“红色的”这类词来提供或获取信息。比如说，假定他完全不熟悉汽车，正如现在我们多数人不熟悉马匹那样，他对汽车的那点了解，仅仅使他能把汽车与单马双轮双座出租马车区别开来。在此情况下，我对他说“M 是一辆好汽车”所能向他提供的关于 M 的信息不外乎说它是一辆汽车。但是，如果他这时或尔后能够仔细观察一下 M，他就会了解某些东西。他会了解 M 所具有的一些特征，而正是这些特征使人们——至少使我——把它称为一辆好汽车。这样做也许不会学到很多东西。但是，假设我对许多汽车都作出这种判断，把一些汽车称之为好的，把另一些汽车称之为不好的，假设他能够仔细观察全部或大部分我所谈及的汽车，假设我在称它们为好汽车或不好的汽车时始终遵循一种固定的判断标准，他最终就会学到很多东西。如果他非常用心，他最终就将达到这样一种境地，即在我说明某辆汽车是辆好车以后，他就知道这辆汽

车应该是什么样的汽车——比如说，速度快、行驶平稳等等。

如果我们考察的是“红色的”这个词而不是“好的”这个词，我 114
们就应该把这种步骤称作“对该词意义的解释”——并且在某种意义上我们的确可以说，我一直在做的事情就是解释某个人所说的“好汽车”是什么意思。正如我们已经知道的那样，这就是我们必须提防的一种关于汽车是什么“意思”的看法。然而，这些步骤极为相似。我们可以通过不断谈论各种各样的汽车来解释“红色的”这个词的意义，如“M是一辆红色的汽车”，“N不是一辆红色的汽车”，等等。如果他足够专心地听我说，他就很快会处于这样的境地，即他能够用“红色的”这个词来提供或获取信息，至少就汽车来说是如此。所以，这一步骤既涉及“好的”这个词，也涉及“红色的”这个词，就“红色的”这个词来说，我们可以将这步骤称之为“对意义的解释”，而就“好的”这个词来说，却只能不严格地并在次要的意义上这样称呼它。为了清楚起见，我们必须将此步骤称之为类似“解释、表达或说明好汽车的标准”这样的事情。

“好的”标准和“红色”的意义一样，通常是某种公开的和为人们所共同接受的东西。当我对某人解释“红色的汽车”是什么意思时，除非大家都知道我脾气非常古怪，否则他就会希望自己能够发现别人也以同样的方式使用这个词语。同样，他也会期望至少就汽车来说有一种为大家普遍接受的标准，在他从我这里弄清楚了好汽车的标准后，他就会期待自己能够通过使用“好汽车”这一词语，毫无混淆地向他人提供信息，或从他人那里获取信息。

“好的汽车”类似于“红色的汽车”之第三个方面是这样的：“好的”与“红色的”两词，都可以改变它们所传达或能够传达的信息的精确性或模糊性。我们通常是在极不严格的意义上使用“红色的汽车”这一词语的。对于任何介于紫色和橙色之间的汽车，人们都可以在不滥用语言的情况下，将其称之为红色的汽车。同样，我们
115 称一些汽车是好的之标准也常常极不严格。有一些特征，诸如时速达不到 30 英里之类的特征，对于除了生性怪僻的人以外的任何人来说，都可能是拒绝称这辆汽车为一辆好汽车的充分条件。但是，没有任何一组精确的为人们所接受的标准可以使我们能够说：“如果一辆汽车满足这些条件，则它就是好的；否则不然。”在这两种情况下，只要我们愿意，就能提高所传达信息的精确性。出于某些目的，我们可以商定不称某一辆汽车为“真正红色的”，除非它的红油漆颜色达到了某一可测定的纯度和饱和度；同样，我们也可以采用一种非常精确的好汽车的标准。对于任何不能在某一限定时间内安全围绕赛车场行驶的汽车，对于那些不符合某些其它严格规定，如变速行驶等等的汽车，我们也可以不冠之以“好汽车”之名。对于“好汽车”这一词语来说，人们尚未研究此类问题。但正如乌姆逊先生已经指出的那样，对于“特大号苹果”这种词语来说，[①]农业部长已经进行了此类研究。

然而，这些词所传达信息的精确性或不严格性与区分“好的”这类词和“红色的”这类词绝对无关，注意到这一点是重要的。这两类词在描述性意义上都可以是不严格的，也可以是精确的，这取决于风俗或习惯所制定的标准是否严格。如果认为价值词与描述

① 见《心灵》杂志，第 lix 期（1950 年），第 152 页。（另见弗洛（Flew）编：《逻辑与语言》（*Logic and Language*）一书，第二章，第 166 页）。

词的区别在于，从描述性意义来看前者较后者更不严格，那肯定是不真实的。这两类词都存在不严格和严格的实例。“红色的”这类词可以是极不严格的，但无论如何也不能成为评价性的词；而像“好的污水道”这类词语则可以有非常严格的标准，但无论如何都依然是评价性的词语。

注意到下列问题也是很重要的，这个问题是，鉴于“好的”与“红色的”之间有这些相似点，人们极容易认为它们之间没有什么差异——认为陈述好汽车的标准也就是陈述“好汽车”这个词语在 116
所有意味上的意义，也极容易认为“M 是一辆好汽车”的意思恰恰等于“M 具有某些冠之以‘好的’名称的特征”。

7.2. 在此，值得注意的是，即使“好的”这个词根本没有赞许性功能，它同样也可以很好地发挥其有关信息的各种功能。这一点可以通过替代另一个为此目的而创造的词清楚地表现出来，我们可以假设这个词缺少“好的”一词的赞许力量。让我们用“doog”作为这个新词罢。和“好的”这个词一样，“doog”这个词也可以用来传达信息，只要人们了解其应用标准就行。但是，与“好的”一词不同，在人们尚未了解这些标准之前，“doog”一词毫无意义。但我可以指着各种各样的汽车说“M 是一辆 doog 汽车”，“N 不是一辆 doog 汽车”等等，来让人们知道这些标准。我们必须想到，尽管 doog 没有赞许的力量，但我现在正在使用的汽车之 doog 标准，与在前面那些例子中使用的汽车之好的标准是一样的。所以，和前面列举的那些例子一样，如果听者予以足够的注意，他也能够用“doog”这个词提供或获取信息。当我对他说“Z 是一辆 doog 汽车”时，他便知道他期待它具有的特征是什么了；而如果他想把 Y

汽车具有这些相同特征这一信息转达给另一个人，他就可以通过说“Y 是一辆 doog 汽车”来做到这一点。

因此，“doog”这个词做了“好的”一词所做的一半工作（尽管只是在与汽车的这种联系中这样做的）——即，所有那些关于提供信息或学习去提供或获取信息的工作。但是，它并没有做关于赞许的那些工作。因此，我们可以说，“doog”的功能就像一个描述词那样。首先，我的听者通过我给他列举的该词应用的多种例子而学会了使用它；然后，他又通过将它应用于各个实例之中来使用它。
117 所以，说我所做的就是**教**给我的听者“doog”一词的**意义**，这是非常自然的事情。而且，这也告诉我们下列说法是多么自然：即说当我们正在学习一种类似于“好汽车”这种词语的课程时（即学习其应用标准），我们就是在学习它的意义。但是，对于“好的”这个词来讲，这样说就会使人产生误解。因为“好汽车”的意义（在“意义”的另一种意味上说）是某种可以为某个并不知道其应用标准的人所了解的东西。倘若某一个人说一辆汽车是好的，他就会知道这个人是在赞许这辆汽车，而知道这一点，也就知道了这一语句的意义。进而言之，正如我们在前面（6.4）所看到的那样，某个人知道的关于“好的”一词的一切事情，可能是我的听者所知道的关于“doog”这个词的那些事情（即是说，知道如何把这个词应用于正确的对象以及如何用它来提供或获取信息），但我们可以说他并不知道这个词的意义，因为他可能不知道，称一辆汽车是好的，也就是赞许这辆汽车。

7.3. 一些读者可能会反驳：在任何意义上，把“好的”这个词的描述性工作或信息交流性工作称为它的意义是不合理的。这些反

驳者可能坚持认为，唯下列说法才充分刻画了“好的”一词的意义：好的一词是用来赞许的，我们从该词的用法中所获取的任何信息根本就不是一种意义问题。按照这种观点，当我说“M 是一辆好汽车”时，也就是在赞许 M，即使某位听者从我的评论中——加上他对我习惯用来评估汽车之优点标准的了解——获得有关我对这辆汽车的描述信息，这也不是我的意思之一部分。我的听者所做的一切，只是作这样一种归纳性的推论而已，这就是：从“黑尔过去老是赞许某种汽车”和“黑尔赞许过 M”中，推论出“M 是这种汽车”。我怀疑这种反对意见在很大程度上是一种文字反驳，我也不想与这种反驳唱对台戏。一方面，我们必须坚持，了解将“好的”这个词应用于汽车的标准，并不是了解——起码在充分或基本的意义上说——“好汽车”这一词语的意义，在此范围内，我们必须同意 118
这种反对意见。另一方面，“好汽车”这一词语与其应用标准的关系，和一描述性词语与其定义性特征的关系极为相似，而在我们的语言中，当我问“你说好是啥意思？”并得到“我的意思是说，它可以每小时跑 80 公里而不出事故”这样的回答时，我们就可以发现这种相似性。依据这种不容置疑的实际用法，我以为最好还是采用“描述性意义”这一术语。况且，倘若这位说话者首先是想传达信息的话，那么，说某一语句具有描述性意义就更自然些。当一张报纸上说 X 开球开得好时，它的意向主要不是赞许开球，而是告诉读者开球开得怎么样。

7.4. 现在，该是证明我把“好的”描述性意义称之为从属于它的评价性意义这一主张的时候了。我之所以作如是观有两个理由：首先，对于这个词所用于的每一类对象来说，评价性意义是恒

定不变的。当我们称一辆汽车、一个计时器、一根板球棒或一幅画是好的时，我们就是在对它们一一作出赞许。但是，因为我们是出自不同的理由来逐一赞许它们的，所以，在不同情况下，描述性意义各不相同。我们从小就知道“好的”一词的评价性意义，但是，随着对象种类的不断增加——它们的性质是我们要学会区别的——我们也不断地学习着在新的描述性意义上来使用这个词。有时候，我们是通过受教于某一特殊领域里的专家来学会在一种新的描述性意义上使用“好的”一词的。比方说，一位马夫会教我如何识别一匹好猎马。另一方面，我们有时也为我们自己创造出一种新的描述性意义。当我们开始获得一类对象的标准，并开始需要将其中的一些按其优点而理出顺序，但迄今为止却还没有这样做的标准——就像“仙人掌”的例子那样(6.2)——的时候，就会发生这种情况。关于我们为什么要赞许某些事物这一问题，我将在下一章里加以讨论。

119 把评价性意义称之为基本意义的第二个理由是，对于任何一类对象来说，我们都可以用这个词的评价性意义去**改变**其描述性意义。这正是道德改革者常常在道德中所做的事情，但在道德之外，也会发生同样的过程。汽车在设计上也许会在最近的将来做出很大的改变(例如，我们可能因求经济实用而改变其尺寸大小)；到那时，我们可能会对于人们现在还能正确地被公认为是“好的”的那种汽车，将不再冠之以“好的”名称。从语言学的意义上来说，这种情况是如何发生的呢？目前，对于称一辆汽车是好汽车的必要条件和充分条件，我们的看法大抵一致(尽管只是大抵而已)。如果发生了我所描述的那种情况，我们便可以开始说：“本世纪50

年代的汽车没有一辆能真正称得上是好的；60 年代以前，没有一辆好汽车。”此处我们所使用的“好的”一词不具有当今人们一般使用该词时的那种描述性意义，因为 1950 年的一些汽车确实具有这样一些特征，这些特征使它们在该词 1950 年的描述性意义上有资格享有“好汽车”这个称号。而现在正发生着的事情是，人们为了变换这种描述性意义而使用该词的评价性意义。如果“好的”是一个纯描述性词，那么，我们正在做的事情就可以称之为对它的重新定义。但是，我们是不能把这叫作重新定义的，因为它的评价性意义仍没有改变。我们毋宁是在改变其意义标准。这类似于史蒂文森教授称之为“说服性定义”的过程。① 但是，这一过程并不必然带有浓厚的情感色彩。

在这里，我们可能会注意到，语言的变化中可以反映，而且确实也部分反映出标准变化的两种主要方式。第一种是我刚刚阐述过的那种方式，即人们保留了“好的”之评价性意义，并运用这种意义来改变其描述性意义，以确立一种新的标准。第二种方式则不
常在“好的”这个词中发生，因为这个词已经被人们牢固确立为一 120
个价值词，以至于在实践中不可能出现这种程序。对于这个词来说，这种程序就是通过越来越多地使用我称之为一种习惯的方式或“加引号”的方式，逐步地抽掉其评价性意义。当该词失去其全部评价性意义时，人们就慢慢把它作为一个纯描述性词，用来指称其对象的某些特征，而当人们要赞许或谴责这类对象时，他们就会为了这一目的而引进某一完全不同的价值词。我们可以通过对

① 《伦理学与语言》，第十章。

“合适的单身汉”这一词语在前两个世纪里发生的变化，作一种多少有些过于程式化的解释，来说明和对比一下这两种过程。“合适的”最初是价值词，意思是“应该被选择的”（如，应该被选择为某人的女婿之类）。后来，因为合适标准慢慢变得相当严格，所以，它也获得了一种描述性意义。如果说某人是合适的，那么，在18世纪，人们就会认为他拥有广大的土地庄园，或许还有爵号头衔。然而，到了19世纪，合适标准发生了变化，使一个单身汉成为合适的单身汉，不再是那些必不可少的地产或爵号，而是某种有保障的物质财富。我们可以想象，有一位19世纪的母亲说：“我知道他出身并不高贵，但他却很合适，因为他一年有3000英镑的公债收入，而且在他父亲死后，他还能得到更多的钱。”这种情况可能是第一种方式的一个例子。另一方面，在20世纪，部分是作为对19世纪的那种过于严格的标准的一种反动，结果使“合适的”这个词落入一种习俗用法，人们便采用了第二种方法。如果现在某人说：“他是一个合适的单身汉”，我们差不多就会觉得这个词是加引号的，甚至觉得是一种讽刺。我们可能觉得，如果人们只能这样说他，那么，
121 他肯定有点不正常。赞许单身汉时，我们现在使用完全不同的词，我们可以说：“他很可能成为琼的**很好的**丈夫”，或者“她很**聪明**，同意与他结婚”。

我们可以用真正能操两种语言的人所陷入的困境，来说明价值标准与语言之间的密切联系。一位既精通英语又精通法语的作家会说，当他在一个雨天漫步于公园时，他遇到一位贵妇人，对她的装束，用英语可称之为实用的，而用法语来说则是**滑稽可笑的**。他对这种装束的心理反应不得不用两种语言来加以表达，因为他

所应用的标准属于不同的起源。他发现他自己在对自己说(他在说英语时不知不觉地说出了法语):“这装束合适而漂亮,尽管让人感到不舒服。但如果你有这种感觉,干嘛要来散步呢?她完全是滑稽可笑的。”据说,标准之间的这种分裂有时会使讲两国话的人患神经病,这是可以预料到的,因为价值标准与行为有着密切关系。[①]

7.5. 尽管就“好的”这个词来说,其评价性意义是第一位的,但对于其它的一些词来说,它们的评价性意义却从属于它们的描述性意义。如“整洁的”“勤勉的”这些词就是如此。人们通常用这两个词来赞许,但我们也可以不带任何讽刺意味地说:“太整洁了”或“太勤勉了”。这些词的描述性意义都非常牢固地依附于它们,因此,尽管我们为了某些目的而将它们归类为价值词(因为,如果我们把它们视为纯描述性的,就会导致逻辑错误),但它们的价值意味却不及“好的”一词充分。倘若一个词的评价性意义从最基本的慢慢变成了次要的,那么,这就是该词所诉诸的标准已成为习惯性的一个标志。当然,我们也不可能*准确地*说出这种情况究竟在什么时候发生,这是一个过程,宛如冬天的来临一般。

尽管“好的”一词的评价性意义是第一位的,但决不会完全没有第二位的描述性意义。甚至于在我们为了建立一种新标准而在 122
评价性意义上使用“好的”这个词时,它仍然具有一种描述性意义,这不是在它被用来*传达*信息这一意义上说的,而是在下述意义上

① P. H. J. 拉加德-夸斯特(P. H. J. Lagarde-Quost):《双重语言公民》(The Bilingual Citizen),载《今日英国》(*Britain Today*)杂志,1947 年 12 月号,第 13 页;1948 年 1 月号,第 13 页。

说的，即：在建立这种新标准时，它的用法——就像一种纯描述性词的情形中的定义那样——对于它以后带有一种新的描述性用法来说，是一种基本的预备。还应注意到，“好的”一词的描述性意义和评价性意义之间的相对突出地位，依人们用它来赞许的对象之种类不同而变化。我们可以通过两个极端的例子来说明这一点。如果我谈到“一个好鸡蛋”，人们立刻就会知道我所指的是哪种鸡蛋——即指的是没有腐坏的鸡蛋。在这里，描述性意义占突出地位，因为我们对估价好鸡蛋有非常固定的标准。而如果我说这首诗是好诗，就几乎没有提供什么有关诗的描述性信息——因为不存在任何已为人们所接受的好诗的标准。但切莫以为“好鸡蛋”完全是描述性的，而“好诗”完全是评价性的。假如我们像中国人那样，喜欢吃臭蛋，那么，我们就会把这种蛋称之为好蛋了，这就像由于我们喜欢吃稍微有点腐败的野味，我们称其为“晾得很好的”一样(也可以与“好的斯蒂尔顿奶酪”这一词语相比较)。而且，如果我说一首诗好，并且我不是一个非常古怪的人，那么听者就有理由认为这首诗不是“祝你生日快乐!”一类的诗。

一般说来，标准越固定、越为人们所接受，所传达的信息就越多。但切莫以为该词(“好的”)之评价性力量的改变完全与其描述性力量的改变成反比。这两种改变是相互独立的。在一种标准业
123 已固定且为人们坚信不疑的地方，一个包含“好的”一词的判断可能具有很高的信息量，但并不因此而减少其赞许的力量。让我们考察下面这段有关牛津污水处理场的描述：

这里所使用的方法原始低下却富有成效。对附近的居民

> 来说，这座污水处理场既不雅观又令人讨厌，且极少裨益，但从技术的意义上来看，它排出来的废水还是好的。[①]

在这里，正如人们通过查看有关这一问题的手册可以看到的那样，有非常明确的确定废水是好是坏的标准。一本手册[②]提供了一个简单的现场检验表，另一本[③]则提供了长达17页篇幅的一系列更全面的检验标准。这可能诱使我们说，这里所使用的“好的”一词，是在一种纯描述性意义上使用的，没有任何评价性力量。但是，尽管在这种技术性意义上称废水是好的，我们是把它作为废水来赞许的，而不是把它作为香水来赞许的，但我们还是在赞许它。关于它是好的这一点，不是一种中性的化学上的事实或生物学上的事实。说它不好，就是提供关闭这座污水处理场的非常充足的理由，或者是采取其它步骤使之在将来成为好的之充足理由。约克的前任大主教就曾对这种失误提出了中肯的评论，他在皇家环境卫生研究院1912年的代表大会上提出：

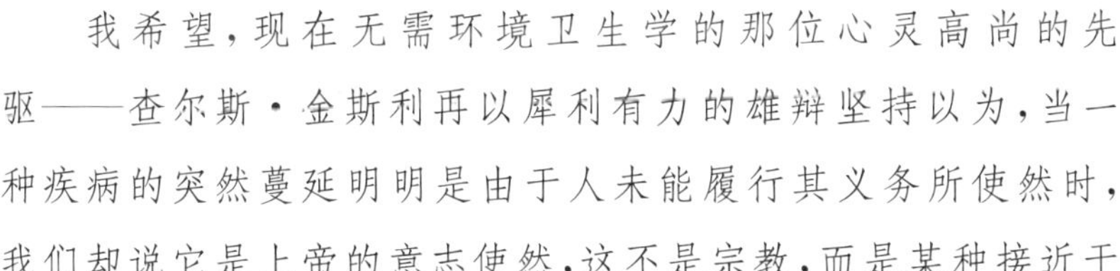

> 我希望，现在无需环境卫生学的那位心灵高尚的先驱——查尔斯·金斯利再以犀利有力的雄辩坚持以为，当一种疾病的突然蔓延明明是由于人未能履行其义务所使然时，我们却说它是上帝的意志使然，这不是宗教，而是某种接近于

---

① 《牛津市区的社会性公共设施》，(*Social Services in Oxford District*)，第一卷，第322页。

② 克尔舒：《污水净化与处理》(Kershaw：*Sewvage Purification and Disposal*)，第213—214页。

③ 特莱希，比尔和苏克林：《水源与供水考察》(Thresh，Beale and Suckling：*The Examination of Waters and Water Supplies*，6*th* ed.，ch. xx.)，第六版，第二十章。

亵渎的说法。[①]

124 的确，如果某一语句中“好的”这个词评价性意义很少，它的描述性意义很可能就相当丰富，反之亦然。这是因为，如果它在上述两个方面都没有什么意义的话，它就可能根本没有什么意义，因而也就不值得使用它了。在此范围内，这两种意义成反比。但是，这只是一种趋势，“好的”一词通常至少在某种程度上具有这两种意义。它常常使这两种意义都充分地包含在一起，使其值得人们使用它。假如前两个条件得到满足，则这两种意义便各自独立地发生变化，这么说我们才恰当地说出了这两种意义的逻辑关系。

然而，还有下列诸种情况，在这些情况中，我们使用“好的”这个词根本不带赞许意义。我们必须区别这种非赞许性用法的各种形式。第一种形式是人们称之为**加引号的**用法。即使我除了最现代化风格的建筑之外，不习惯于赞许任何其它风格的建筑，我仍可以说：“下议院的新大厅是很好的仿哥特式建筑。”我可能是在好几种意义上说这句话的。在第一种意味上，这种说法等同于“如果某人正在寻找实例来说明仿哥特式建筑的典型特色的话，这是一个可以选择的好例子”；或者等同于“这就是仿哥特式建筑的一个好标本”。这是一种专业化的评价性意味，在此，我们不涉及这种意味。另一方面，我的意思可能是“这是一个真正优于绝大多数其它仿哥特式建筑的实例，因此，尽管在一般的那类建筑中，这座新大厅不值得赞许，但**在**仿哥特式建筑这类建筑**中**，它是应该予以赞许

① 克尔舒：《污水净化与处理》，第4页。

的”。对于这种意味，我们现在也不予涉及，因为这是一种限定比较类别的赞许性用法(8.2)。我们所要涉及的意味是：在此意味上，上述那句话的意思大致是指“对于这种类型的仿哥特式建筑，某一类型的人们——你知道他们是谁——会说：‘这是一座好建筑’。”“好的”一词这种用法的特征是，在更充分地阐述它意思时，我们常常想给它加上引号，因而冠以“好的”之名。在这种用法中，我们自己并不是在作一种价值判断，而是在暗示他人的价值判断。
对于道德判断的逻辑来说，这种类型的用法极端重要，因为该用法 125
已经引起了某种混乱。

值得注意的是，当某一类型的人的数量众多而又因其价值判断广为人知而占据优势(例如，在各行业中的那些“最好的”人)，他们对那类对象的赞许又有一种严格的标准时，用一种引号的意味来使用“好的”这个词是最容易的。在这种情况下，这种加引号的用法可能已濒于一种**讽刺性**用法的边缘，而在讽刺性用法中，人们非但没有给予任何赞许，而毋宁是表示相反的意思。如果我对卡洛·多尔齐的评价很低，我可能会说：“如果你想看到一个真正‘好的’卡洛·多尔齐，那就请你去看一看这个卡洛·多尔齐罢……”

还有另外一种用法，在这种用法中，评价性内容的缺乏对于说话者来说并不很明显，所以，我们既不能把这种用法称为一种加引号用法，也不能把它称为讽刺性用法。这是一种**习惯性**用法，在这种用法中，说话者只是在口头上应酬一种习惯而已，仅仅是因为大家都这么做，他才对某一对象赞许一番，或者说上几句赞许性的话。即令我本人根本不喜爱这种家具设计，我也还是会说：“嗯，这件家具的设计很好”。我这么说，并不是因为我想引导我自己或任

何其他人去选择这件家具，而只是因为有人已经告诉过我有关一般人都以为是好设计的标准的那些特征，所以，我想表明一下我在家具方面也“鉴赏力不俗”。在这种情况下，很难说我是否在评价那件家具。如果我不是一位逻辑学家，我就不会问我自己那些能确定我是否在评价这件家具的问题。这种问题可能是：“如果某人（他与家具生意没有任何联系）一贯不问价钱，只知不断地将各种家具往他房子里搬，而这些家具又与你判断这种家具设计是好的之标准不相符合，那么，你是否认为这就是他与你的看法不相一致的证据？”倘若我回答说：“不！我不能这样看，因为什么样的家具设计得好是一回事，而某人为自己选择什么样的家具则是另一回
126 事”，那么，我们就可以得出如下结论：我并没有通过把这种设计称之为好的而真正赞许过这种设计，而只是在口头上应酬一下某一习惯而已。后面（11.2）我们还将使用这种盘问。

上述这些还只是我们使用“好的”一词之诸多方式中的一些方式。逻辑学家是无法讲清楚语言的无限微妙之处的，他所能做的只是指出我们使用一个词的某些主要特征，因而提醒人们谨防那些主要危险。只有通过持续不断地和敏感地注意我们使用价值术语的方式，我们才能充分理解价值术语的逻辑。

八、赞许与选择

127 8.1. 现在，该是探究我们一直在描述的“好的”一词的逻辑特征存在的理由并探询为什么这个词能独特地把评价性意义与描述性意义结合在一起的时候了。我们将会在人们使用“好的”这个词

的目的中发现这些理由。在我们的谈话（discourse）中，“好的”这个词和其它价值词一样，也是出于某些目的而被使用的。对于这些目的的考察，将揭示出本书第一部分所讨论的各种问题与评价性语言研究的相关性。

我说过，“好的”一词的首要功能便是赞许。因此，我们必须探究什么是赞许。当我们赞许或谴责任何事物时，总是为了引导（至少是为了间接地引导）各种选择，即我们自己的或他人的、现在的或将来的各种选择。假定我说：“南方银行的展览非常好。”那么，我会在什么样的情况下讲这句话呢？而我这么说的目的又可能是什么呢？我很自然地会对这样一个人说这句话，他正犹豫是否去伦敦参观这个展览，或者他已经在伦敦，但不知是否该去参观这一展览。然而，若说“好的”一词与选择的关系总是这样直接，那就过于言重了。一个刚从伦敦返回纽约并和某些无意近期去伦敦的人们谈话的美国人，也会说这句话。因此，为了说明重大价值判断最终都与选择相关，而假如它们没有这种关系，人们就不会作出这些判断，我们需要探询一下，我们制订各种标准的目的究竟何在。

乌姆逊先生已经指出，我们一般不会谈论“好的”线虫。这是因为我们从来就没有任何必要在线虫之间作出选择，因此在这种行为中无需任何指导，更无需制订任何有关线虫的标准。但是，我 128
们也容易想象到这样一些情况，在这些情况中，上述境况就可能发生变化。假定线虫成了渔夫们所使用的一种特殊鱼饵，那么，我们就会谈到，我们挖到了一条很好的线虫（比如说，挖到了一条特别肥大而又对鱼具有吸引力的线虫），无疑，这就像海边的渔夫们可能谈论他们挖到了一条很好的沙虫一样。我们有时知道或可以想

象得出存在这样一些实际情形,在这些情形中,我们或别人不得不在各种标本之间作出选择,只有在这时,我们才会给某一类对象设定标准,才会与另一种标本相对而言来谈论一种标本的优点,才会使用有关它们的价值词。如果从来就没有人选择看不看画(或从来没有人像美术系的学生那样选择研究不研究画,或从来没有人选择买不买画)的话,我们也就不会谈论画是好是坏了。顺便说一下,我们列举了这么多的选择取舍形式,恐怕会产生某种暧昧性。必须指出的是,如果需要的话,这个问题是可以按我们的要求弄得精确明了的。因为当我们称一幅画是好画时,我们可以具体说明我们是在哪类情况下称它为好的,比方说,我们可以说"我说一幅好画的意思是想研究它,而不是想买它"。

我们还可以举出更多的例子。例如,除非有时候我们不得不作出是否去窗前观赏夕阳的决定,否则,我们就不会谈论什么夕阳无限好之类的事情。除非有时候我们非得选择这一根桌球杆而不选择另一根桌球杆,否则我们也不会谈论什么好桌球杆。除非我们已经选择要努力成为什么类型的人,否则也不会谈论什么好人。当莱布尼茨谈到"所有可能的世界中最好的世界"时,在他心里已经有了一个正在各种可能性之间进行选择的造物主。那种设想出来的选择是不必发生的,甚至我们也不必期待它发生,而为了让我们可以对它作出一种价值判断,只须设想它会发生就足够了。然
129 而,必须承认,最有用的价值判断是那些涉及我们极有可能去作出选择的那些判断。

8.2.应该指出的是,即令是关于过去选择的判断也不只是涉及过去。正如我们将会看到的一样,所有的价值判断都隐含普遍

性，这也就是说，它们都涉及一种标准，并且都表达着人们对这一标准的接受，而这种标准也可以应用于其它类似的事例。如果我因为某人做了某事而非难他，我也就已经设想他或另一人或我自己必定有可能再作出类似的选择，否则，就不存在非难他的任何根据。因此，倘若我对正跟我学开车的那个人说：“你这种做法不好”，这即是一个非常典型的驾驶指导的例子，驾驶指导不是教一个人在过去开车，而是教他在将来开车。为了这一目的，我们责难或赞许过去的驾驶做法，乃是为了向他传授那种将引导他以后行为的标准。

当我们赞许某一对象时，我们的判断不单单是关于该特殊对象的，而且也不可避免地成为关于类似于该对象的那些对象的判断。因此，如果我说某一辆汽车是一部好汽车，我并不仅仅是在说某种有关这辆特殊汽车的事情。单说某种有关一辆特殊汽车的事情不可能是在赞许它。正如我们已经看到的那样，赞许即是引导各种选择。就引导某一特殊选择来讲，我们有一种与赞许无关的语言学工具，即单称祈使句。如果我只是想告诉某人去选择某一辆汽车，而未想到它属于的那类汽车，我就可以说：“来这一辆吧！”与之相反，如果我说：“这是一辆好车”，那么，我所言所道就有某种言外之意了。我的意思是，如果别的某一辆汽车也和这一辆相同，它也会是一辆好汽车。然而，当我说：“来这一辆吧！”我的意思就不是：如果我的听者看到另一辆与之极为相似的车，他也应买这一辆。但进而言之，“这是一辆好的汽车”之判断的底蕴，不仅仅是伸展到了那些**酷似于**这辆汽车的那些汽车。倘若如此，则这种意蕴 130
对于实践的目的来说就毫无意义了，因为任何事物都不可能与其

他事物完全一样。这种意蕴还伸展到这样一些汽车，即：它们在某些**相关的**方面是类似的，而这些相关的方面正是其优点之所在——也即是我因此而赞许这辆汽车的那些特征，或者说是我因此而称它为好汽车的那些特征。无论何时，只要我们赞许某一对象，我们心里就一定有对这种被赞许对象的某些了解，也就是说，有赞许的理由。因此，在某人说过“这是一辆好汽车”之后，便询问他“它好在何处？”或“你为何说它好？”或“你赞许它的哪些特色？”这总是合情合理的。要准确回答这类问题并不总是那么容易，但提出这类问题永远都是合情合理的。倘若我们不明白这种问题为什么总是合理的，我们也就无法理解“好的”这个词发挥其功能的方式。

我们可以通过比较下列两段对话（类似于第五章第二节中的那两段对话）来说明这一点：

(1) 甲：琼斯的汽车是辆好车。

乙：是什么使你把它称为好的呢？

甲：噢，它就是好。

乙：但是，你称它好必定有某种理由吧，我的意思是说，它有某种特性，而你正是凭借这种特性才称它是好的。

甲：不！我借以称它为好的那种特性就是它的好，不是别的什么。

乙：但是，你的意思是不是说它的样式、速度、重量、操作性能等等与你称它是不是好的毫不相干呢？

甲：是的，完全无关。唯一相关的特性是好这一特性，这

> 就像假如我称它是黄色的，唯一相关的特性是黄色那样。
>
> （2）与第一段对话相同，只是用“黄色的”来代替“好的”，用“黄色”来替代“好”，并将最后的那个从句（“这就像……”）省略而已。

在第一段对话中，甲的见解之所以古怪离奇，原因在于：正像我们
业已指出的那样，因为“好的”是一个表示“附加的”或“续发的”特 131
性的形容词，所以当某个人称某物是好的时，人们都可以合理地问他：“它好在何处？”而对这一问题的回答，也就是举出我们借以称其为好的各种特性。因此，如果我说：“这是一辆好汽车”，某个人就会问：“为什么？它好在何处？”而我就可能会回答他说：“好在它既能高速行驶又有很好的稳定性”，这样，我就指明了我是凭借它有这些特性或优点才称它为好汽车的。这样做实际上也就是在说具有这些特性的其他汽车的某些事情。不论什么汽车，只要它具有这些特性，那么，只要我不是个首尾不一贯的人，我就必定会同意在此范围它即是一辆好汽车。当然，也可能会出现这样一种情况：尽管它有这些好的特性，但也有其它抵消这些特性的缺点，所以总体说来，它不是一辆好汽车。

但这最后一种困难总可以通过更详细的描述陈明我称第一辆汽车为好汽车的理由来加以解决。假设第二辆汽车在速度和稳定性方面与第一辆汽车相同，但却不能防雨，而且乘客上下车困难。这样，我就不会称它为好汽车，尽管它已经具有使我称第一辆汽车为好汽车的那些特征。这表明，如果第一辆汽车也有第二辆汽车的那些不好的特征，我也不应该称它为好汽车，所以，在列举第一

辆汽车的优点时，我应当补充说："……它使乘客淋不着雨，上下方便。"这个过程可以无限重复下去，直到我开出一张完整的表，列出使我能称第一辆汽车为好汽车的全部特征为止。但这本身并不等于我判断汽车的全部标准——因为还可能有一些别的汽车，虽然
132 它们在某种程度上缺少这些特征，但却有其它一些可以弥补不足的好的特征，比如说，座位柔软舒适、车内宽敞、耗油量低。但无论如何，我列出那些特征都会有助于我的听者了解我判断汽车好坏的标准，而只要我作出一种价值判断，都可以从这里看出此类问题及其答案的重要性，以及认识它们相关性的重要性。因为作出这种判断的目的之一，便是使人们知道这种判断的标准。

当我赞许一辆汽车时，我就是在引导我的听者的选择，而这种引导不仅与某辆特殊的汽车相联系，而且也与一般的汽车相联系。我所对他说的，将帮助他在将来任何时候去选择某一辆汽车；或者是帮助他为选择汽车的其他人出主意，甚至是帮助别人去设计汽车（即选择要制造哪一种汽车）；抑或是帮助他撰写一篇关于汽车设计的一般性论文（这里面包含着建议别人去制造哪一类汽车）。而我给予他这种帮助的方法，就是使他知道选择汽车的标准。

正如我们已经注意到的那样，这一过程和定义一个描述词的过程（也就是使人们知道该描述词的意义与用法）具有某些共同特点，尽管两者之间也有重大差异。现在，我们必须注意到说明一个词的用法与说明如何选择汽车这两者之间的另一相似之处。在这两种情形中，除非指导者在其指导中保持首尾一贯，否则，他就不可能成功地指导别人。如果我把"红色的"这个词用在各种颜色的物品上，我的听者将永远不会从我这里学到这个词的一致用法。

同样，如果我以一些颇为不同或甚至相反的特征来赞许汽车，我对他所说的就将无助于他以后选择汽车，因为，我不是在告诉他首尾一贯的标准——或者说，根本就没有告诉他任何标准，因为一种标准在定义上应是首尾一贯的。他会说：“我不明白你判断这些汽车好坏的标准究竟是什么，请解释一下，它们相互如此不同，你为何把它们都称为好的？”当然，我也许能作出一种令人满意的解释。133
我可以说：“汽车有不同的种类，各有各的好法。有赛车，这种车的基本要求是速度快、操作灵敏；有家庭用车，这种车则应当宽敞、经济便宜；还有出租车……所以，当我说一辆速度快、操作灵敏的汽车是好汽车时，尽管它既不宽敞，也不便宜，但你必须明白，我是把它作为一辆赛车来赞许的，而不是作为一辆家庭用车来赞许的。”但是，假定我没有明白他问的是什么，假定我只是凭一时的念头完全随意地吐出“好的”这一谓词，那么很显然，在这种情况下，我根本就没有告诉他任何标准。

因此，我们必须区别人们在说明一个包含“好的”一词的判断时总是要问到的两个问题。假定某人说：“这是好的”，我们总可以问他：(1)“什么是好的？是赛车？家庭用车？出租车？还是一本逻辑书中引用的例子？”或者我们可以问他：(2)“是什么东西使你把它称之为好的？”提出第一个问题，也就是询问我们是在哪一类事物中作出评价性比较的。让我们将其称作比较类。提出第二个问题，即是询问那些优点或“为好之特征”(good-making characteristics)。然而，这两个问题并不是相互独立的，因为，把“赛车”这一比较类与“家用汽车”这一类比较区别开来的，也就是我们要在各类别中找出的那一组优点。所以，在所有用一个功能

词来定义比较类的情况下都是这样的——因为显而易见，“赛车”“家用汽车”“出租车”比简单的“汽车”一词所发挥的功能的程度要高得多。然而有时候，一个比较类也可以在没有使它更具功能性的情况下作更深入的具体划分。例如，在解释“好葡萄酒”这一短语时，我们就可以说：“我所指的好酒，是就这一地区而言的，而不是与所有的酒相比较而言的。”

134 8.3. 由于人们使用“好的”一词和其它价值词的目的是想教给别人以各种标准，所以，这些词的逻辑与这一目的相符。因此，我们最后便可以解释一下“好的”一词的特点，这是我在本书一开始就已经指出过的。假如我拒绝把“好的”这个词运用于我也认为在所有方面都酷似于此画的另一幅画上，那么，我之所以不能将“好的”一词运用于这幅画上的理由就在于：这样做，我就无法达到我用这个词所要达到的目的。我赞许某一对象，目的是为了教给我的听者以一种标准，但当我同时拒绝赞许某一与其相似的对象时，我便把我传授给他的东西抵消了。由于我试图传授给他两个互不一致的标准，故我实际上可能根本没有传授什么标准。这种做法所产生的结果类似于一种矛盾的结果。因为在一种矛盾的情形中，我说出两个互不一致的东西，结果让听者不知道我究竟想说什么。

以上所说的也可以用另外一种术语来加以表达，这便是我在本书第一部分所使用的原则这一术语。告诉一个人——或自己决定——判断某一对象之优点的标准，也就是告诉或决定那些原则，使他或我可以在那一种类的各个对象之间作出选择。了解选择汽车的原则，就是能够对汽车作出判断，或能够识别出汽车的好坏。

如果我说:“那不是一辆好车”,于是人们问我它所缺少的使我如此说的那些优点是什么,我便回答:“它行驶不稳”,那么,我便是在求助于一种原则。

鉴于价值判断与选择原则之间有着目的上密切的相似性,我们正在讨论的价值判断之特征(它们相互保持一致的必要性)也为全称祈使句所享有,正如确实为所有全称句享有一样,注意到这一点是很有意思的。我们业已看到,我不能说:“这是一辆好汽车,但 135
旁边的那一辆却不是好汽车,尽管两者在其它各方面都非常相似。”基于同样的理由,我们也不能说:“如果你可以选择的话,你要选择与这辆车相似的汽车,但不要选择旁边那辆与其相似的汽车,虽然旁边的那一辆与这一辆非常相似。”这句话自相矛盾,因为它要听者脚踩两只船,既选择与这辆车相似的汽车,又不选择与这辆车相似的汽车。在“像这样的动物总是不孕的,但旁边那只酷似于它的动物却并非总是不孕的”这样一种陈述语气中,也存在类似的矛盾。

价值判断与原则之间的这种联系,帮助我们回答了本章开头所提出的那个问题。当我们意识到我们使用“好的”这样一些词的语境乃是诸如我们在第四章第二节中所讨论的那种原则决定的语境时,也就很容易说明我在前一章里所说的有关“好的”之评价性意义与描述性意义的关系和我们采用一些标准、改变一些标准的方式了。一价值判断与它所指涉的标准可能有多种多样的关系。凭借其描述性意义,价值判断告诉听者某对象与该〔判断〕标准相符。即令这一判断是一个“加引号的”判断或习惯性判断,这一点也确实无疑。然而,这种关系的复杂性,绝大部分都是由于评价性

意义而产生的。若该标准是一种广为人知的和为人们普遍接受的标准，则该价值判断可能只不过是表达说话者对它的接受或依附罢了（尽管该价值判断从来不*陈述*他对它的接受或依附，因为我们对此有其它的表达方式，诸如“在我看来，一种好的草莓，应该有硬实的果肉”之类）。若听者并不熟悉这种标准（比如说一个小孩），则该价值判断的功能也可能就是使他熟悉这种标准，或者是教给他这种标准。而倘若我们这样做的话，我们就不只是在告诉他该
136 标准是如此这般一类，而且也是在指导他按某一原则作出他将来的选择。我们通过向他指出一些与该标准相符和不相符的对象实例来这样做，例如，我们对他说：“这是一个好的 X”，“那是一个坏的 X”，等等。如果我们所涉及的那种标准是针对我们以前尚未排出其优点的那类对象的（诸如仙人掌），或者是，假如我们是在有意识地提倡一种与人们已经接受的标准相异的标准，那么，我们的目的就差不多完全是规定性的了，实际上我们也就是在建立一种新的标准，或者是在修改一种已为人们所接受的标准。比如说，假定我说：“《高速公路法则》中说，好的驾驶要能打出多种复杂的信号，但实际上，打出的信号越少越好，仔细察看以便使自己不阻碍别的车辆运行，并且总是以这样一种方式来驾驶，即你可以在不打信号的情况下清楚地表示自己的行驶意图，这实际上比打复杂的信号更好。”我这么说，也就是在作规定，而不是在传达信息。[①] 而且，在获得驾驶技术的过程中，我也可能对我自己说这种话，这就像自学一样。因此，我们看到，价值语言对于表达我们在决定原则、传

① 见《机动车辆》（The Autocar），1951 年 8 月 17 日社论。

授原则或修改原则的过程中想要说的一切是极为合适的。所以，整个第四章的内容都不是用全称祈使原则来表达的，而是用价值判断来表达的。因此，除非我们首先使我们自己熟悉这些语境，否则我们就无法理解价值判断的逻辑。

九、道德语境中的“善”

9.1. 现在，该探询一下在道德语境中所使用的“善”(好)是否 137
具有我们在非道德语境中所注意到的那些特征。无疑，一些读者会以为，我到目前为止所说的一切都与伦理学完全无关。倘若如此以为，那就忽略了道德领域某些非常有趣的相似特征的启发作用；但就我而言，我没有任何权利假定，当我们把“好的”这个词用于道德之中时，它就完全以我所描述的那种方式来发挥作用。对于这个问题，我们现在必须亲自探究一下，但必须首先对我可能已经说明过的另一种区分多说几句，这种区分即是所谓“善”的“内在性”用法与“工具性”用法的区分。

在哲学家们中间，一直都有在两种相互对立的东西中择一而行的倾向(disposition)。一种倾向认为，所有价值判断都与具有某功能之对象的行为有关，而与对象本身无关。另一种倾向认为，由于有些对象是因它们自身的缘故而受到赞许的，且没有一种超出其纯存在之外的明显的功能，所以，赞许该对象也就是在做与赞许一种具有某功能之对象完全不同的事情。倘若我们运用我在前几章里一直使用的那些“优点”“标准”等一般概念的话，就会帮助我们避免在上述两种倾向之间偏执一端。

当我们在处理人们仅仅按其功能发挥来评价的那些对象时，这些对象的各种优点就在于下述特征：或促进着该功能的良好发挥，或它们自身便构成这种功能的良好发挥。我们可以通过以下
138 假设来弄清这一问题，这种假设是：我们正在判断的是对象的*功能发挥*，而不是对象本身。想象一下，我们正在判断一个灭火器。为此，我们可以观察人们用它来灭火时的情况，然后再判断它的功能发挥。这种功能发挥的某些特征可以算作是一些优点（比如，它能很快把火扑灭、极少引起财产毁坏、只耗费少量昂贵的化学剂等等）。注意！我们用来详细说明这种标准（如“毁坏”和“危险的”）的某些词语本身就是价值词语。它们表明，对这种标准的具体说明本身并不是完整的，而是包含着各种评价标准的“相互参照”(cross-references)，这些评价标准是分别用来评价财产救复状况和气体对人体的影响的。就参照目的而言，如若不具体说明该标准必然要涉及的所有其它标准，就不可能完整地具体说明这一标准。亚里士多德举例说明了这种相互参照，[①]在这些例子中，各种标准是按等级排列的，使所有相互参照都基于同一个方向进行。但是否需要这样来排列各种标准，这似乎还不明显，尽管这样排列显得很整齐。

基于我们现在的目的，对于灭火器的功能发挥之上述优点一览表，我们所必须指出的只是，这仅仅是优点一览表而已，从逻辑上看，与不具备某种功能的一类对象的优点一览表并无不同。比方说，我们可以将它与一个好浴室的优点一览表作一个比较。一

① 《尼可马克伦理学》，I. i. 第 2 行。

个好浴室之为好的，既是从工具性意义上来说的（在工具性意义上是指它有助于清洁卫生），也是从内在性意义上来说的（如果我们拥有浴室的唯一目的只在于保持清洁，我们几乎就用不着有许多浴室了）。让我们暂时撇开浴室的工具性善（好的）不谈，而集中研究一下它的内在性善（好的）。一个浴室要具有内在性的善，就必须在一定的温度范围之内，且必须在洗澡时保持不变，浴缸的大小必须在最低规格以上，究竟多大要根据浴者身体的大小而定。浴缸必须有某种形状，必须有充足柔和而洁净的浴水，还必须有超标 139
准的高级浴皂（比如说，不含磨蚀和腐蚀作用的成分）——而且，读者还可以根据自己的喜好来附加一些项目。在这种详细陈述中，我们已经力图避免相互参照其它标准，但我们并未完全成功。比如说，“洁净的浴水”意即“没有污物的水”。而什么才算污物？这却是一个评价问题。因此，即使是我们在讨论内在性善的时候，也无法避免相互参照，因之，相互参照并不一定使善成为工具性的。

我们注意到，在这两种情况——灭火器和浴室——中，我们有一种标准或一个优点一览表，并赞许那些拥有这些优点的对象。就灭火器而言，我们是直接赞许其功能发挥，而对该客体却只予以间接赞许；但就浴室而言，可以说我们是直接赞许该客体。这实际上只是一个没有差别的区分。是应该说“使我的皮肤发热”是浴室的一种功能发挥呢，还是应该说“发热”是浴室的一种性质？同样，我们要求一个好菠萝具有的优点之一是，它应该是甜的，但菠萝的甜是它的一种内在性质呢，还是可以使我产生某种良好感觉的特性？当我们能够回答这些问题时，就能在内在性善（好的）与工具性善（好的）之间作出一种精确的区分了。

然而，如果说我们对灭火器的赞许与我们对夕阳的赞许之间**没有任何**差异，那就大谬不然了。我们是基于完全不同的理由来赞许它们的，就灭火器而言，这些理由全都涉及人们想用它来做什么这一点。如前所见，倘若“善”（好的）一词伴随有一个功能词（例如一种工具的名称），则该功能词本身就向我们说明了所要求的部分优点；而在其他情况下，则没有这种说明。在这里，我所主张的
140 一切无外乎是，前面我所阐述的优点和标准的逻辑构架便足以普遍概括工具性的善（好的）和内在性的善（好的）。明白这一点，乃是弄清它也足以普遍概括道德善的第一步。现在，我们必须回到这个问题上来。

9.2. 一些理由致使人们认为，“善”（好的）在道德语境中的用法完全不同于它在非道德语境中的用法。让我们考察一下这些理由中的某些理由。第一个理由和内在性善（好的）与工具性善（好的）之间的区别相联系，我们对此已有所涉猎。第二个理由是，认为那些使一个人成为道德善的属性，与那些使一个计时器成为好的之属性显然不同。因此，人们很容易认为，“善”（好的）这个词的**意义**在这两种情况中互有差异。但人们现在可以看到，这种看法是错误的。该词的描述性意义当然有所差别，正如在“好苹果”这一词语中的“好的”意义不同于它在“好仙人掌”这一词语中的意义一样，但评价性意义却是相同的——在这两种情况下，我们都是在赞许。我们是作为一个人来赞许的，而不是作为一个计时器来赞许的。如果我们坚持认为“善”（好的）的意义不同，因为人们在不同类型的对象中所要求的优点不同，那么，我们便应该以乌姆逊先

生所说的“一个同音异义词运用到多少境况中，便会有多少双关意义”[①]这句话作为终结。

第三个理由是：人们觉得，“道德善”多少比较庄严，比较重要，因此它应该有它自己的一套逻辑。这种主张虽然很少公开表示出来，但在大量的论证背后却不乏此论，而此种主张本身亦有某种让人喜欢的地方。我们的确认为，人之为好人比计时器之为好计时器更为重要。我们并不因计时器不准而**指责**计时器（尽管我们指责它们的制造者）。我们会对道德的善感到激动，却极少有人会对技术上的好或其它类型的好感到激动。这正是为什么许多读者会 141
因为我的下述假设而被激怒的原因所在，我的假设是：在“好的下水道”这一词语中的“好的”行为，可能使道德哲学家发生兴趣。因此我们不得不问，为什么它会使我们有这种感觉？而我们有这种感觉是否必然使我们对这两种情况中“好的”逻辑作出完全不同的说明？

我们之所以会对人之善感到激动，是因为我们是人。这意味着，我们接受某种情况下一个人如此这般行动是善的这一判断，包含着我们接受这样一种判断：即如果我们**置身于**类似的情况中做相同的事情的话，也将是善的。而且由于我们确实可能**置身于**类似情况，所以便对这一问题深有感触。必须承认，我们对阿伽门农牺牲伊芙琴尼亚这一行为是否是一种恶行为的感受，[②]就不及我

① 《心灵》，第 lix 期（1950 年），第 161 页。（另见弗洛编：《逻辑与语言》（*Logic and Language*）一书，第二章，第 176 页。）

② 阿伽门农（Agamenon）为古希腊神之一。传说他曾发动特洛伊战争，亲任希腊联军统帅。为了这场战争的胜利，他牺牲了自己的女儿伊芙琴尼亚（一译“伊芙吉尼亚”，Iphigenia）。——译者

们对斯密夫人不买票乘车旅游是否是一种恶行为的感受深刻。因为我们不可能置身于阿伽门农当时的境况，但我们绝大多数人都有可能乘车旅游。接受关于斯密夫人的行为的道德判断，较之于接受关于阿伽门农的行为的道德判断，可能与我们将来的行为有更密切的联系。但是，我们从来就不会设想我们自己会变成计时器。

技术人员和艺术家们的行为已经在某种程度上证实了上述论断。正如赫西俄德所指出的那样，这些人对他们各自的非道德的善感到激动，[①]而普通的人则对道德问题感到激动："陶工憎恨陶工，木匠憎恨木匠，乞丐憎恨乞丐，诗人憎恨诗人。"[②]商业竞争并不是这种憎恨的唯一理由，因为人们可以在没有憎恨的情况下互相竞争。比如说，当一位建筑学家带着感情色彩来谈论另一位建
142 筑学家设计的房子时说："这是一所设计得极其拙劣的房子"，他之所以有这种感觉的原因在于，如果他承认这所房子设计得很好，就等于他承认自己在避免进行类似这所房子的设计时做错了，而这意味着他得改变自己设计房子的整个方式，可这种改变对他将是痛苦的。

进而言之，我们无法像我们能从建筑师的身份或从有关计时器的制造或使用的行动中脱离出来那样，从作为人的存在中脱离出来。正因为如此，我们才无法避免遵守我们所作的道德判断的（常常是痛苦的）后果。那位被迫承认对手的房子比他所设计的或

① 赫西俄德（Hesiod），公元前8世纪古希腊诗人，代表作有《工作与时令》（英译：*Works and Days*）。——译者

② 《工作与时令》，第25行。

可能设计的任何房子都要好的建筑师，也许会感到困惑失望，但他最终总还可以成为一位酒吧招待。但是，如果我承认，圣弗兰西斯的生活在道德上比我的生活更好，这实际上意味着一种评价，除了努力去做更像圣弗兰西斯那样的人之外，我别无选择，而这样做却是相当艰苦的。这就是为什么我们绝大部分有关圣人的“道德判断”都只是习惯性的原因所在——我们从来就没有打算把它们作为决定我们自己道德行为的指南。

此外，至于道德方面的分歧，我们很难说，而且，如果道德分歧对我们自己的生活所产生的影响是深刻的话，也不可能说：“这完全是道德趣味问题，让咱们同意各自保留不同意见罢。”因为只有当我们确信我们将不会被迫做出从根本上影响他人选择的选择时，才可能同意各自保留不同意见。在人们不得不共同作出一些选择的情况下，尤其如此。然而，必须指出的是，尽管绝大多数道德选择都是这一类，但这类境况并不是道德所特有的。孔蒂基探险队的队员们对于如何建造他们的木筏是不会同意各自保留不同意见的，而共用一个厨房的各个家庭对于厨房的结构也不会同意各自保留不同意见。尽管我们通常可以摆脱建造木筏或共用厨房这类难题，却无法轻易摆脱与他人共同生活在社会之中这一事实。
也许，那些生活在完全隔离状态中的人们会同意大家存在道德分 143
歧。至少，一些相互之间没有密切接触的社会可能会同意在某些道德问题上存在分歧而并不感到实际上有什么不便。当然，这样说并不是一定要坚持任何形式的道德相对主义，因为各个社会可能会在地球是否是圆的这一问题上同意各自保留不同意见。同意各自保留不同意见，实际上也就等于说：“我们对这个问题的看法

各有不同，但我们别为此而恼怒或争斗”；但并不等于说：“我们可以看法各异，但让我们别这样各执一词。”因为从逻辑上说我们不可能做到后一点。故尔，如果两个社会同意在关于它们各自领土内宣布赌博合法是否合乎道德这一问题上各自保留不同意见的话，那么，就会发生这样一种情况，它们都会说：“我们将继续坚持认为，我们中有一方以为使赌博合法化是错误的，而另一方则认为这样做并不错。但我们不会对对方的法律感到恼怒，或者是试图去干涉对方的管理。”对于赌博之外的其它问题，倘若每一个社会的行为对它领土外的其它地方没有多大影响的话，也可用同样的方式处理。然而，如果有一个社会坚持认为防止某些行为在任何地方发生乃是一种道德义务，那就不可能同意各自保留不同意见了。

为了把这种情况与更为经常的事态（state of affairs）相互对照一下，上述这些情况是值得考虑的。通常说来，我们所作出的和所主张的道德判断都深刻地影响到我们邻人的生活，这一点本身就足以说明我们赋予道德判断的特殊地位了。倘若我们再加上已经提及过的那种逻辑要点，即：道德判断总是会影响我们自己的行为，因为我们无法在最充分的意义上接受道德判断而又不与其保持一致（在第十一章第二节中，将会出现这种同语反复的现象），这样一来，我们就无需对道德的特殊地位作进一步的解释了。道德的这种特殊地位并不需要一种特殊的逻辑来支撑，这是因为：为了赞许或谴责我们自己的和与我们的行为相同的那些最基本的行
144 为，我们所使用的乃是价值语言的日常构架。我们可以再加上一句：许多道德说法都具有一种“情绪性”（emotivity），有些人认为，

情绪性是评价性语言的本质，但它仅仅是一种词之评价性用法的症候而已，而且是一种最不可靠的症候。道德语言常常是情绪性的，这只是因为人们使用它的典型境况都是我们常常深有感触的那些境况。我一直在进行道德价值语言与非道德价值语言之间的比较，其主要用意之一就是说明，在不明显涉及情绪的地方，也可以有价值词的本质性逻辑特征。

人们可能会反驳说，我对这一问题的解释并没有提供把像“在部队中主动做任何事永远都不是好事”这样的谨慎判断(prudential judgements)与像“违背诺言非善也”这样的正宗道德判断区分开来的任何手段。但是，我前面所作的考察(8.2)，已经使我们能够令人满意地区分这两类判断了。从这一语境中人们可以清楚地看到，在第二种情况下，我们是在一个不同的比较类中作出赞许的，因而需要有一组不同的优点。有时候，我们是在这样一类行为中赞许某一种行为的，这类行为影响着行为者将来的幸福，有时候，我们又是在另一类行为中赞许某一种行为的，这类行为表示出行为者的道德品格。这即是说，这些行为表明他是不是一个好人——在这种语境中，“人”这一比较类也就是“人努力成为的”那一类人(12.3)。从这种语境中，我们所做的属于哪一类总是很清楚的，而在这种语境中也差不多总是存在一种更深刻的语词差异，如同在我们前面所引述的那个例子中一样。然而，必须承认，对于我们在其中赞许人们和各种行为的不同比较类，我们仍不得不作大量的研究。

当我们为了作道德上的赞许而使用“善”这个词时，我们总是直接或间接地赞许着人们(people)。即使在我使用“好行为”或其

它类似的词语时，也间接地涉及人的品行。正如人们常常指出的那样，这一点构成了“善”(好的)和“正当”这两个词之间的一种差
145 异。因此，在谈到道德善的时候，我将只使用“善人”这种词语和类似的词语。我们必须考察这种词语是否实际具有和“善”(好的)之非道德用法相同的逻辑特征，后者是我们一直在讨论的问题，而我们也还清楚地记得：“善人”这一词语中的“善”通常不是一个功能词，而且在我们给予道德赞许时，它也决不是一个功能词。

9.3.首先，让我们看一看一直被称之为“善”(好的)一词之附加的“善”(好的)的特征。假定我们说：“圣弗兰西斯是一个善人。”并同时坚持认为另外有一个人恰好处在与圣弗兰西斯相同的情况下，他的行为也恰好酷似于圣弗兰西斯，唯一不同的只是这样一个方面，即他不是一个善人，在逻辑上这样说是不可能的。当然，我是假设，人们在这两种情况下都是基于该主体的全部生活(“内在的”和公开的)而作出这种判断的。这个例子在许多相关的细节方面类似于第五章第二节中列举的那个例子。

其次，对这种逻辑的不可能性的解释，并不在于任何自然主义的形式。情况并不是若存在各种描述性特征的关联C，则可以说，若一个人具有C的特征，就必然蕴涵着他在道德上是一个善人。因为，倘若是这样，我们就不能因某人具有这些特征而赞许他，而只能说他具有这些特征。尽管如此，某人在道德上是善人这一判断，在逻辑上并不独立于下述判断之外，这个判断是：他具有某些别的我们可以称之为美德或行善之特征的那些特征。在上述这两个判断之间确有一种关系，尽管这种关系并不是一种蕴涵关系或意义同一性关系。

我们前面对非道德的好的讨论，有助于我们理解这种关系。正是这种对人的特征的陈述（小前提或事实性前提）与从道德上判 146
断人们的某一标准之具体说明一起（大前提）蕴涵了一种对人的道德判断。而且，道德标准具有许多我们已经在其它价值标准中发现的那些特征。道德中所使用的“善”（好的）具有一种描述性意义和一种评价性意义，后者是最基本的。了解这种描述性意义，即是了解说话者借以作出判断的标准。让我们列举一种该标准已广为人知的情形。如果一位牧师说某位姑娘是位好姑娘，我们就可能对她是哪种人形成一种精确的看法，比如说，我们可以期望她去教堂。因此，人们很容易落入这样一种谬误，即认为那位牧师说她是个好姑娘，只意味着她具有这些描述性特征。

确实，那位牧师的意思有一部分是说这位姑娘具有这些特征，但我们可以希望这并非他的全部意思。他也有因为她具有这些特征而赞许她的意思，而他的这一部分意思才是最基本的。当一位牧师说一位姑娘是个好姑娘时，我们之所以知道她是哪种人，通常如何行为等等，原因是牧师们所予以赞许的方式通常都是一贯的。正是由于牧师们始终一贯地使用这个词来赞许姑娘们的某些类型的行为，所以这个词便逐渐地具有了一种描述性力量。

对于这一点，我们还可以补充另一个不友好的拙劣模仿的例子来加以说明。假如有两位老派印度陆军少校在食堂里谈论一个新来的军人，其中一位少校说：“他是个非常好的人。”我们可以猜想，这位被提到的部下玩过马球，气势汹汹地杀过猪，而且也不熟悉一些有教养的印度人。因此，少校的评论就可以给一位精通英属印度文化的人传达一些信息。这种评论之所以能提供信息，是因为印度军队的军官们已经习惯于按照某些一贯的标准来赞许或指责部下。但这种评论最初并不能提供什么信息。这种标准必定是一些最初的评论者们确立起来的，那时候，印度军队尚刚刚建
147 立，还没有评价部下行为的固定标准。后来，通过军官们作出各种赞许性的判断，便确立了这种标准。这些判断绝非事实陈述或提供信息，而意思是好人的标志是例如玩马球。对于这些先驱们来说，“普朗克特是个好人”这句话，绝不蕴涵“普朗克特玩马球”这一语句，反之亦然。前一语句是一种赞许性语句；后一语句则是一种事实陈述。但是，我们可以假设，经过数代军官之后，如果军官们一直都在赞许玩马球的人，那么人们就逐渐认为：若一位军官说另一位军官是好人，他的意思中便必定含有那位军官玩马球的意思。所以，由于印度军官们的习惯用法，“好的”这个词就慢慢在此程度上成了陈述性的，但它绝没有失去其基本的评价性意义。

当然，这种评价性意义也可能会失去，或至少可能会变弱。一种标准的本质，就是其稳定性。但经常存在的危险是，稳定性可能会导致过分呆板或僵化。人们可能会过多地强调描述性力量而过少地强调评价性力量，所以，只有当那些按照这些标准来作判断的人完全肯定，不论他们做什么其它事情，他们都是在进行评价（即确实是想引导行为）的时候，这些标准才能保持下来。假设在印度军队里，除了在描述性意义上用“好人”这个词来表示“打马球的人”之外，军官们慢慢地不能用这个词来表示任何其他意思了，这时候，他们就已经落入一种朴素的自然主义之中了，也就不能再因为玩马球而赞许部下了，这意味着他们将无法把他们建立起来的标准传给新的一代军官。倘若有一位新部下在到职之前，便具有

害怕激进政治活动的银行职员所具有的那些标准，那么，他会继续坚持这些标准，因为他的上司已经失去了教他任何其它标准的语言学工具。而且，即使那些老军官自己是在评价性意义使用“好 148
的”一词，其标准所具有的那种极端描述的严格性也可能使他们的新部下从描述性意义上来理解他们所使用的这个词。这即是价值词被加上引号的原因。

9.4.在道德中，“善”（好的）这个词的描述性意义如同在其它地方一样，也是次于其评价性意义的，我们可以从下面这个例子中看到这一点。让我们假设，一位传教士揣着一本语法书来到了一个有吃同类习性的野蛮人居住的岛屿。他的语法书中的词汇告诉他，这种野蛮人的语言中有一个词相当于英语“好的”一词，假设由于一种奇妙的巧合，这个对应的词也恰好就是“好的”这个词。进而，让我们再假设这个对应的词确实与英语中的“好的”一词相当——这就是说，它和《牛津英语辞典》中说的一样，在他们的语言中，也是表示“赞许的最一般的形容词”。如果这位传教士已经掌握了语法书中的词汇，那么，**只要他是在评价性意义上而不是在描述意义上使用这个词**，他就可以非常愉快地和这些野蛮人交流有关道德方面的看法。他们知道，当他在使用这个词时，是在赞许他用该词来赞许的那个人或那个对象。唯一使他们觉得奇怪的事情是，传教士用这个词来赞许他们没有料到的那些温顺斯文而不收集大量人头皮的人，而他们自己却习惯于用这个词来赞许那些勇敢强壮而又能收集到超过常人所能收集的人头皮的人。但是，他们和那位传教士都不会误解“好的”这个词在评价性意味上的意义，都知道这个词是一个用于赞许的词。倘若他们发生这种误解，

他们之间的道德交流就不可能了。

因此，我们面临着这样一种境况：对于一个以为“好的”一词（或在英语中或在野蛮人的语言中）只是一个类似于“红色的”性质词(quality-word)的人来说，这种境况似乎是自相矛盾的。即令为传教士所赞许的那些人身上的那些性质与野蛮人所赞许的那些人身上的那些性质之间全无共同之处，他们双方也仍然知道“好的”
149 这个词的意思。但如果“好的”与“红色的”一样，这就不可能了。因为这时候，野蛮人的词与英文词就不是同义的了。倘若如此，则当这位传教士说那些不收集任何人头皮的人是好人（英语），而这些野蛮人说那些收集大量人头皮的人是好人（野蛮人语）时，他们之间便不是发生了分歧。因为在英语中（至少是在这位传教士的英语词汇中），“好的”（善）这个词的部分意思是“勿杀人”；而在那些野蛮人的语言中，“好的”（善）这个词却有一些完全不同的意思，比如说它的部分意思是“收集最大量的人头皮”。正是因为“好的”（善）这个词在其基本的评价性意义上没有这两方面的意思，而是这两种语言中最一般的赞许形容词，所以，这位传教士便可以用这个词向野蛮人讲授基督教道德。

然而，假设这传教士胜利地完成了他的使命。那么，以前的那些野蛮人也慢慢会赞许传教士所赞许的那些性质，而“好人”这个词也将逐渐获得或多或少是共同的描述性意义。但这样一来，就会产生一种危险：一两代人以后，野蛮人就可能会认为这就是这些词所具有的唯一的一种意义。在此情况下，对于以后的野蛮人来说，“好的”所表示的意思就仅仅是“按西傣山上的训诫所说的去做”，他们可能慢慢遗忘这是一个赞许性的词，也意识不到有关道

德善（好的）的种种看法都与他们自己应该*去做*的事情有一种联系。那时候，他们的各种标准将会有致命的危险。如果一位共产主义者来到这个岛屿上，并试图按照*他的*生活方式来改变这些人，那么，他就会利用其标准的僵化。他可能会说：“所有这些‘善良的’基督徒——那些传教士、殖民地官员以及其他人——只是为了他们自己的利益在欺骗你们。”这可能是带有一种讽刺意味从描述性意义上使用该词，但除非那些基督徒的标准已经变得非常僵化，否则，他也不能真正这样做。柏拉图《理想国》第一卷中色拉叙马霍斯（Thrasymachus）的一些手法就与这种情况颇为相似。

如果读者重温一下第四章第六节中所阐述的内容就会看到，150
“好的”这个词的变动正好准确地反映出那一节所描述的那种道德发展状况。道德原则或标准首先被建立起来，然后它们又变得过于僵硬，而那些被用来指称它们的词又变得极富描述性，所以，在这些标准摆脱危险之前，我们必须痛苦地恢复它们的评价性力量。在这种恢复过程中，这些标准必须适应变化了的环境，于是便发生道德变革，而道德变革的工具就是价值语言的评价性用法。事实上，纠正道德停滞和腐败的方法，就是学会按照原来设计价值语言的目的来使用价值语言。不仅要学会谈论我们赞许的事情，还要学会做我们赞许的事情；因为，除非我们准备这样做，否则，我们就只是在空口应酬一种习惯性标准。

第三部分 “应当”

“我们所讨论的不是无关紧要的问题，而是我们应当怎样生活的问题。”

——柏拉图：《理想国》，352d

十、“应当”与“正当”

151 10. 1. 到目前为止，我对那些被用于道德言谈（moral discourse）中的词的讨论基本上只限于“善”（好的）一词，因为，通过这个词的行为，最容易说明我希望引起人们注意的那些特征。然而，对道德言谈中所使用的其它词给予某些说明也是必要的，至少也需要讨论它们当中较为常见的那些，而某些道德哲学家已经在“好的”与诸如“正当”“应当”和“义务”这类词之间作出一种非常严格的区分，这一事实就使得上述说明更为迫切了。我们将会看到，在“好的”与其它道德词之间作出这种区分是很重要的，但这不妨碍我们对“善”（好的）与其它道德词之间的逻辑关系作出一种说明，况且这种逻辑关系无疑是存在的。所以，和在本书其它部分中一样，在本部分中谈一谈这些词的道德用法与非道德用法的相似之处，将是有益的。

任何不熟悉这些词的用法的人，都不会主张“正当”与“善”（好的）在它们的各种语境中有着相同的意思。一开始，在它们的语法行为上就有一些重要的差异。我们通常说“一个好的 X”，而不说“那个正当的 X”。一般说来，我们认为，说有很多好的 X 是很自然的，但（在绝大多数语境中）说有很多正当的 X 却很奇怪——尽管我们当然可以说有很多身体很健康的（quite all right）X。因而无 152
怪乎，在现代英语中，“正当的”没有比较级和最高级，而“好的”却有比较级和最高级。而且，“好的”可以修饰很多名词，而“正当的”则不能，反之亦然。因之，我们可以说“好的艺术”，但不能说“正当的艺术”；可以说“好的击球”，却不能说“正当的击球”。而另一方面，我们可以说：“那个音符你弹得不对”，但我们不能用“好”来代替“对”。[①] 正如 J. L. 奥斯汀教授的研究已经教导所有得益于他的方法指导的那些人一样，这些细节可以——虽然不总是——表明它们之间的基本逻辑差异。

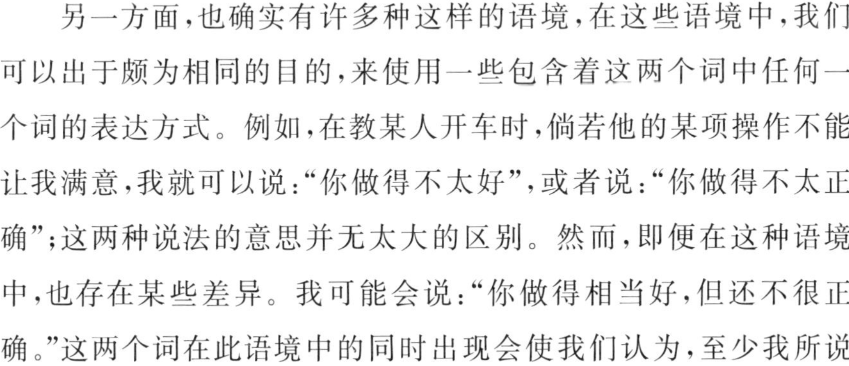

另一方面，也确实有许多种这样的语境，在这些语境中，我们可以出于颇为相同的目的，来使用一些包含着这两个词中任何一个词的表达方式。例如，在教某人开车时，倘若他的某项操作不能让我满意，我就可以说：“你做得不太好”，或者说：“你做得不太正确”；这两种说法的意思并无太大的区别。然而，即便在这种语境中，也存在某些差异。我可能会说：“你做得相当好，但还不很正确。”这两个词在此语境中的同时出现会使我们认为，至少我所说

① “right”一词和“good”一词的情形类似，在汉译中有两种译法，一般意义上译为“正确的”“对的”，在伦理学意义上通常译为“正当的”或“正当”。在本书中则按具体语境译之。——译者

的关于“好的”一词的规定功能的某些方面，也适用于“正当”这个词，尽管也可以料想到会发现一些差异。

在“好的”与“应当”这两个词之间，我们可以作同样的区分。尽管这两个词也各有差异，但我们仍可以将它们用于非常相似的语境之中。我们可以说：“你应当更轻缓一些合上离合器”，或者说：“如果你更轻缓一些合上离合器的话，那就更好了”；我们也可以说：“你根本没有做好”，或者说：“你根本没有做得像你应当做的那样好。”另一方面，我们还可以说：“你做得不错，但还是没有你应当做的那么好。”一般说来，“应当”的用法更近似于“正当”而不是
153 更近似于“好的”，当我们更精确地阐述这三个词之间的逻辑关系时，就会发现，我们可以较为明白易懂地描绘出“正当”与“应当”之间的关系特征，而“好的”与“应当”之间的关系则要间接得多。

10.2. 虽然有这些差异，但在“好的”、“正当”和“应当”这些词之间，仍有许多相似性足以使我们把它们三者都归于价值词一类。要说明这些相似性，只要注意到这样一点就够了：我们业已注意到的“好的”一词的主要特征亦以同样的方式表现在“正当”与“应当”之中。首先，请允许我指出，“正当”和“应当”也同时拥有我所说的“好的”之“附加的”特性。我将就上述每一个词各举一个道德方面的例子和一个非道德方面的例子。如果我说：“史密斯给她钱的行为是正当的，但他可能已经给过她钱了，他的这一行为在所有其它方面都与前一行为相似，只是这一行为不是正当的。”我这样说会招来这样的批评：“但史密斯行为的这种正当性怎么会像这样消失呢？如果这种行为、行为的动机、环境等等都一样，那么，从逻辑上讲，你就必须判定它在这种假设的情况中和在实际情况中一样是

正当的。除非这两种行为之间，在它们的环境、动机或其它因素之间存在*某种*别的差异，否则，若那种假设的行为不是正当的，则那种实际的行为也不可能是正当的。”正如某些画或任何别的东西不能仅仅就其好而相互区别那样，行为也不可能仅仅就其正当性而相互区别开来，这种不可能性是一种逻辑上的不可能性，它源于我们使用这些词的方式和目的。

同样道理，我们不能说：“你此时换挡的时间绝对正确，但你可能在同一刻已换过挡了，而且所有别的情况都相同，唯有这不可能是正确的时间。”这表明，该特征不是这个词的道德用法所特有的。对“应当”一词来说也同样如此，我不能说：“史密斯本该给她钱，但是，尽管其它所有情况都相同，还是不该给她钱。”我也不能说：“你 154
本该换挡，但是，尽管所有其它情况相同，还是不该换挡。”

我已经暗示过为什么我们不能这样说的理由，它和包含着这些词的那些语句之隐含的普遍性有关。然而，让我们扼要地提及一下：这种理由并不像有些人可能以为的那样，是由于那些包含着“正当”或“应当”这些词或它们的反义词的语句，已为任何一组用描述词来陈述我们所指涉的那些事实或环境的语句*所蕴涵*。就“应当”而言，这种主张可能是最难令人相信的。倘若如此，则我们可举一个特殊的例子：“如果换低挡能使汽车行驶更平稳些，你就应当换低挡”这一语句，可以为“换低挡能使汽车行驶更平稳些”这一分析语句所蕴涵，因此，它本身就可能是分析的，但在日常用法中则不然。换低挡正是能使汽车行驶更平稳些的*理由*，但能使汽车行驶更平稳一些这一事实并不蕴涵（即是说，并不容许我们只凭借其意义而推论出）我们应当换低挡。而且，不论我们选择什么样

的其它事实性语句，对于“应当”一词的所有规定性来说，情形也是一样。因此，如果一位介绍婴幼护理知识的作家告诉我们，说一个婴儿应当具有一定的重量，和说这是随意观察到的同龄婴儿的平均重量，两者的**意思是相同的**，那么，我们就得小心提防了。

就“正当”而言，这种自然主义的危险也许更为隐蔽，但这次我们不应该受它的影响。如果“现在正是换挡的正确时刻”这一语句为“现在正是C情形”这种形式的描述句所蕴涵，那么，说“在C情形时，正是换挡的正确时刻”就可能是一种同语反复了。但不论我们用什么样的描述词语来代替C，该命题本身永远也不会是同语
155 反复。而且，这一点在道德用法的情形中甚至更为明显。假设，某人坚持认为，“做A行为不是正当的”这一语句为“A是我们国家的统治者所严禁的”这一语句所蕴涵，那么，我们就只须指出，在此情形中，“做那种为我们国家的统治者所禁止的事情是不正当的”这一语句可能为“被我们国家的统治者所禁止的事情，已为我们国家的统治者所禁止”这一语句所蕴涵，因而它本身就可能是分析的，但是，在通常的用法中，上述命题本身却不是分析的。但是，我们没有必要详尽阐述这种大家熟悉的论点了。

这样一来，关于“正当”和“应当”具有“附加的”特性的理由，就不是自然主义所提示的那种理由了。因此，我们必须探究可能是其它什么理由。为了进行这种探究，我们必须首先把这些词放在它们适当的语言环境中来考察。人们使用它们，主要是为了提供建议或指导，或一般说来是为了引导选择。接下来，我主要谈谈“应当”这个词，但稍后，我们将会看到，我们也可以很容易地将“应当”一词的分析扩展到“正当”这个词。与讨论“好的”这个词时一

样，我先不区别道德用法与非道德用法，而是先论述这两种用法的共同特点。

10.3.“应当”这个词被用于规定，但因为规定远不止一种形式，需要对它作出几种区分。假设，某人问他自己或问我们：“我应做什么?”或者是提出某些其它这种一般形式的问题。为了帮助这个人打定主意，我们至少可以说三种不同的东西。我将用“A 型规定句”“B 型规定句”和“C 型规定句”这些术语来区分它们。以下是 A 型规定句的例子，它们都是单称祈使句：

A_1：使用发动摇把。

A_2：取一种不同颜色的坐垫。

A_3：把钱还给他。

这些 A 型规定句的特征在于，它们只直接适用于人们提出它们的 156
那种场合，但 B 型规定句则不是这样。以下是 B 型规定句的例子：

B_1：倘若这辆汽车的发动机不能靠自动启动器立即发动起来，就应当使用发动摇把来发动它。

B_2：决不应当把紫红色的坐垫放在猩红色的椅套上面。

B_3：一个人总是应当偿还他允诺偿还的钱。

B 型规定句适用于一类情况，而不是直接适用于一种个别的情况。第三种类型的规定句是 C 型规定句：

C_1：你应当使用发动摇把。

C_2：你应当取一种不同颜色的坐垫。

C_3：你应当还他钱。

C 型规定句具有某些 A 型规定句和 B 型规定句的特征：它直接适用于某一个别情况，但它也求助于或诉诸某种更一般性的 B 型规定句。因此，如果我说 C_1，我便是在求助于某种类似于 B_1 的一般性原则。当然，我所求助的不可能就是 B_1 本身，而可能是 B_{11}——“电池完全耗尽时，应当使用发动摇把”，或者是 B_{12}——“早晨发动处于冷却状态的机器时，应当使用发动摇把”。我可以通过提出“我为什么应当使用发动摇把?”这样一个问题，来引出我所求助的原则究竟是哪一个。因此，通过说一个 C 型规定句，我似乎有这样的意思(在一种不严格的意义上)，即我是在求助于**某个** B 型原则——尽管连我们也不可能马上明白这种原则准确地说到底是什么。但对 A 型规定句来说，情况就不是这样。如果我说 A_1，则我可能仅仅是在规定这种特殊情况(也许因为我已经想到“让咱们看

157 看他是否知道如何用摇把发动汽车”)，而没有想到还存在一种适用于所有这类情况的一般性原则。确实，假如人们要求我**证明** A_1 **的正当性**，或者是提出该句的理由，我可能会诉诸一种原则。但即令如此，A 型规定句也只是在一种弱化意义上意味着 B 型原则，这种意义是：如果某人给我们提出这样一种建议，我们通常就可以假定，他可以给予我们有关此建议的一般理由。而 C 型规定句却是在一种强化意义上意味着 B 型规定句：即当我们否认存在它所依赖的任何原则时，提出一种 C 型规定句在逻辑上可能是不合法的。我说“逻辑上不合法”的意思是，我对“应当”这个词的用法可能太悖于常理，以至于使人们对我使用它所表示的意思困惑不解。

现在，该是我们考察一下**在事件结束以后**(*post eventum*)的“应当”-判断的时候了，它们是这样一种形式的判断：

D_1：你本该使用发动摇把。

D_2：你本该取一种不同颜色的坐垫。

D_3：你本该还给他钱。

很清楚，这些判断与 B 型原则的关系，如同 C 型规定句与 B 型原则的关系一样。“（那时）你本该使用……”是“（现在）你应当使用……”的过去式，两者都以同样的方式依赖于“一个人应当总是使用……”。而且，两者具有一种更进一步的功能：人们可以用它们来作一般性规则的**指导**。我们通过这种对实例的一般化的过程来学习，而指导者所列举的一种特殊事例，便是我们本该做的或现在应当做的。通过指出大量这种实例之后，我们就可以学会在一种既定类型的所有情况中我们应当做什么。人们可以是**在事件之前**（*ante eventum*）指出：“你应当使用……”，也可以是**在事件结束之后**（*post eventum*）指出：“你本该使用……”。

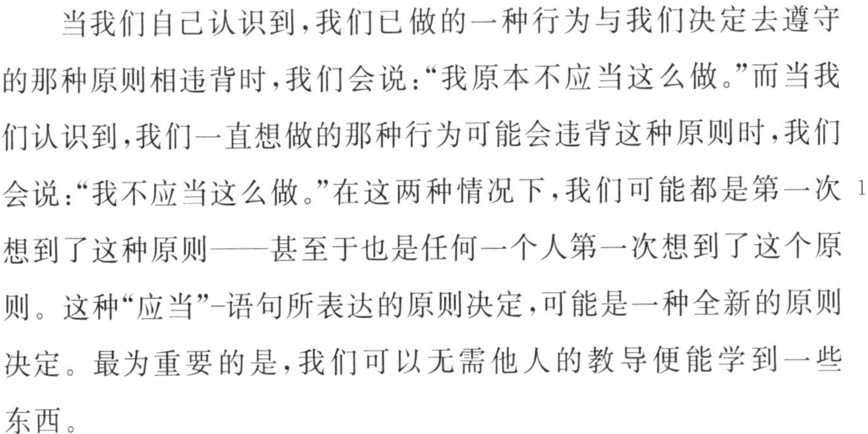

当我们自己认识到，我们已做的一种行为与我们决定去遵守的那种原则相违背时，我们会说：“我原本不应当这么做。”而当我们认识到，我们一直想做的那种行为可能会违背这种原则时，我们会说：“我不应当这么做。”在这两种情况下，我们可能都是第一次 158
想到了这种原则——甚至于也是任何一个人第一次想到了这个原则。这种“应当”-语句所表达的原则决定，可能是一种全新的原则决定。最为重要的是，我们可以无需他人的教导便能学到一些东西。

上面所使用的“指导”这个词当然多少有些过于狭窄。我们刚才已经看到，这个词已包括自学在内，但即便如此，“应当”这个词也不只是被用于我们可以称之为“指导性的”境况之中。假定我说:“他们不应当在牛津周围再修建更多的旁道了。”这种说法依赖于这样一种一般性原则:如“当交通统计数字表明,一个城镇的绝大部分交通道路均为不能使用旁道的终点路段时,就不应当花费大量的钱去修建它”。在“应当”一词的日常意义上,我们在这里是不能谈论“作一般性原则的指导”的,因为听者很可能不是我的学生。但是,他也可能是我的学生——我可能是在作一次关于道路设置的演说——而且我运用这种语句的其他情况非常类似于这种指导型境况,以至于两者的相似是非常明显的。在所有这些情况中,目标都是引导人们未来的行动。

10.4. 对于像驾驶、选择颜色、道路规划和道德行为等这类活动,我们为什么要有一般性“应当”原则的理由在于:首先,在这些活动中,情况不断地反复出现,这迫使我们去回答——如果不是用文字,便是用行动去回答——这样一个问题:“我应做什么?”其次,这些情况可以划分成若干类型,而各类型的具体情况之间又充分类似,以至于一种类似的答案可以适合于同一类型的所有情况。第三,除非我们满足于终生有一位老师站在身旁告诉我们每一种
159 情况下应当做什么,否则我们就不得不学习(向他人或靠我们自己)回答这些问题的各种原则。正如我们已经看到的那样,人们教我们应当如何去做的每一点,都可还原为各种原则,尽管这些原则可能是很难用语言表述的“实际知识(know-how)”,用身教比用言教更易于教给人们(4.3)。

关于“好的”这个词,我们已看到,它的附加性根据在于:它是被用来传授或肯定、抑或是为了吸引人们注意在某一类对象中间

进行选择的标准的，而我当时就这些标准所说的那些事情，原本是可以用选择规则或选择原则来加以阐发的。因此，人们可以毫不惊奇地发现，基于一种非常相似的目的而使用的“应当”一词也受到同样的限制。为什么我们不能说我所列举的那些东西的理由就在于：如果这样做，就等于同时试图传授或提倡两个相互矛盾的原则。

正如我们预料的那样，“应当”也具有“好的”一词的那些特征，这些特征即是有关其描述性力量和评价性或规定性力量之间的诸种关系的特征。很清楚，一些包含着“应当”这个词的语句具有描述性力量。假定我说：“在他原本应当到达表演现场的那一时刻，他正趴在他的车底下修车，离现场还有五里开外。”在这里，假如我们知道表演何时开始，那么这句话就是在精确地告诉我们有关时间的事情，正如它精确地告诉我们他所趴的地点一样。这是因为，我们大家都接受这样一种原则，即：我们应当到达表演现场的时刻（即到达的正确时刻）应略早于表演开始的时刻。因此，在这里，“应当”语句的描述性功能或提供信息的功能，与人们一般地接受或人所共知地接受这一原则的程度成正比例增加。但这些语句的基本功能，不是去提供信息，而是去规定、建议或指导，而这种功能在它不传达任何信息的时候也能履行。例如，如果我正在教一个人开车，特别是教他在爬山时如何操作汽车使之行进，我可能会说：“在你应当松开煞车掣手的时刻，你可以听到发动机的声音渐 160
渐降低。”如同在前一种情况中那样，这么说并不是给他提供任何有关他将在什么时候能听到发动机的声音渐渐降低的信息，而毋宁是告诉他，什么时候他应当松开煞车掣手，由此教给了他一项开

车的规则。但在前一种情况中，如果我的意向是告诉或教给他人一种有关人们应当何时来到剧场的规则，那就古怪了。

在道德语境中，我们也可以发现同样的特点。假设我问："X君本学期学习有多勤奋？"而得到的回答是："不及他应当的那么勤奋"，这一回答给我提供了有关X君学习勤奋程度的信息，因为，我知道人们期待一个处在X君情况下的人应怎样勤奋。另一方面，如果我并不熟悉这种勤奋学习的标准（比如说，我是一位新到该国的外国学生），某人为了告诉我这些标准，就可能这样说："倘若你想知道一个人应当怎样勤奋学习的话，就看看X君罢。X不及他应当的那样勤奋；所以，你至少应当比他学习得更勤奋一些才是。"这种用法可能主要是一种规定性用法。

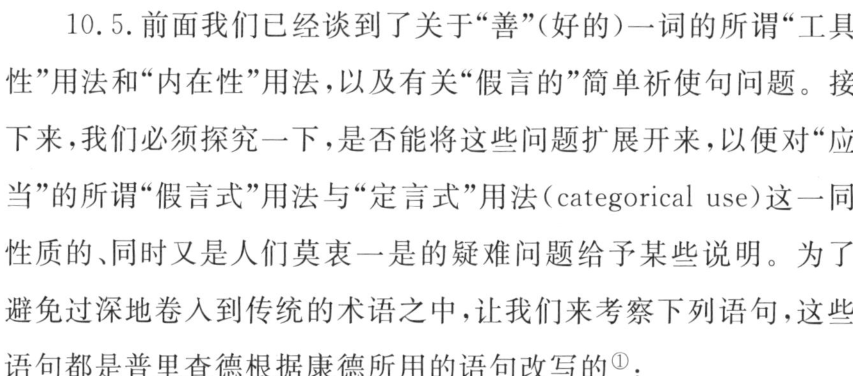

10.5. 前面我们已经谈到了关于"善"（好的）一词的所谓"工具性"用法和"内在性"用法，以及有关"假言的"简单祈使句问题。接下来，我们必须探究一下，是否能将这些问题扩展开来，以便对"应当"的所谓"假言式"用法与"定言式"用法（categorical use）这一同性质的、同时又是人们莫衷一是的疑难问题给予某些说明。为了避免过深地卷入到传统的术语之中，让我们来考察下列语句，这些语句都是普里查德根据康德所用的语句改写的[①]：

(1)"你应当给第二剂药"（对一位可能的施毒者说）。

(2)"你应当讲真话"。

很清楚，第二个语句在其使用的绝大多数情况下，都表达一种道德

① 《道德义务》，第91页。

判断；同样清楚的是，第一个语句却不表达道德判断。然而，如下这点却是不清楚的，即：正如普里查德所说的，亦如康德也许暗示 161
过的那样，我们是否应该从这一点中得出结论，认为在“应当”这个词的两种用法之间存在“一种总体的意义差异”？因为在“他是一个好的施毒者”与“他是一个好人”这两个语句中，我们可以把一个好的施毒者所必备的德性（在我一直使用的德性这一术语的意义上）与一个好人所必备的德性区分开来，而无需区分“好的”这个词的两种意义，除非是在“意义”的次要意义上。在此意义上，问“好的”一词是什么意思，恰恰是要求列出德性的一览表。就“应当”来说，情况也可能是：在上面两个语句中，这个词在其基本意义上的意思是相同的，虽然在一种情况中表达的是道德判断，而在另一种情况中却不是。因为，在第一个语句中，其语境告诉我们，所运用的那些标准（即所指涉的那些原则）是给人们施毒的标准；而在第二个语句中，我们是假定那些被指涉的原则是道德原则；但在上述各情形中，“应当”这个词的功能无外乎是指涉这些原则，并根据这些原则履行上面所概述的其它一些功能。就“施毒者”而言，知道那些被指涉的原则即是那些施毒的原则，也就知道了某些——但不是全部——有关它们是什么的问题：它们必定包含实施这种可导致死亡的毒害事件的指示。因为“施毒者”在前面所规定的意义上乃是一个功能词（6.4），知道了这一类比较，也就知道了某些有关德性的事情；另一方面，就第二个语句来说，情况就不是这样。但这并不构成“应当”这个词的两种意义之间的差异，这是两组原则之间的差异。我们必须从这种语境中，识别被指涉的是哪一组原则，因为“应当”不是一个类似于“好的”的形容词，我们没有把它

和一个名词(像上述那些语句中所引用的“施毒者”或“人”)联系起来,以告诉我们这一点。因此,我们可能会错误地假定句(2)是一
162 个道德判断;它可能只是被用来表示一种谨慎的判断。甚至,“他是一个好人”这一判断,也可以不是一个道德判断。因为,“人”可以是“曾与你一道战斗的人”“在一次集会上见到的人”,或“先击球的人”的一种缩写。在猜测人们所使用的是这些标准或这些原则中的哪一种或哪一组时,我们并不是同时猜测“好的”或“应当”的意思是什么(除非在次要的意义上),因为我们非常了解它们的意思。

所有这一切并不意味着在各种道德原则与各种能成功施毒的原则之间,就不存在任何重要差异。正如我们业已看到的那样(9.2),我们无法超出人的存在,因此也无法超出道德原则,道德原则是人之为人的行为原则,而不是作为施毒者或建筑师或击球者的人的行为原则,如果道德原则与我们自身行为的方式没有一种潜在的联系,它们就不可能为人们所接受。如果我对某一个人说:“你应当讲真话”,我的意思便是,我接受在他所处的那种情况中讲真话这一原则,而且,我可能发觉我自己已经不可避免地置身于一种相似的情况之中。但是,我总是可以选择:是否把施毒或玩板球当作一种职业。这必定使我们在考虑道德问题时的精神状态与我们考虑应当怎样去毒害琼斯或应当怎样为他建造一所房子这些问题时的精神状态大相径庭,但在这两种情况下,“应当”这个词的逻辑并没有显著差异。

确实,在上述的第二个语句中,我们可以用“这是你的义务”来取代“你应当”;而在第一个语句中,我们却不能。这是因为“义务”

这个词只限于用在这样的比较类别中，在这些比较类别之内，“义务”这个词被用来赞许某事。它几乎被用来专门表示各种道德义务、法律义务、军事义务，以及其它隶属于某一特殊职位的义务。同样，尽管“一对”(brace)这个词的逻辑与“一双”(pair)这个词的逻辑是一样的，但是，“一对”这个词基本上被限于用来表示一对猎鸟的。然而，这些情况并不影响我所说的这些结论。

十一、“应当”与祈使句

11.1. 由于我的大部分论证都依一种迄今为止尚未充分证明 163
的假设为转移，该假设是：如果价值判断是指导行动的，那么，它就必定蕴涵着祈使句[命令]，而且，由于这种假设极容易受到人们的质疑，所以现在该是考察这一问题的时候了。比如说，有的人就可能认为，我能够毫不矛盾地说：“你应当做 A，但别做”，因而这里面可以不存在任何蕴涵关系。在任何情况下，蕴涵都是一个非常强的词，而且，尽管我们发现有许多人可能会同意，在某种意义上，价值判断是指导行动的，但是，还是有人会认为，价值判断仅仅是在以下意义上是指导行动的，即：甚至平常的事实判断可能也是指导行动的。例如，倘若我说：“火车马上要开了”，这可以引导某一位想要乘这趟火车的人去坐在他的座位上；或者，我们可以列举一个道德实例，如果我对一个正在考虑给一位据称遇到了不幸的朋友一些钱的人说：“他刚才告诉你的事情完全是假的”，那么，这可能引导他做出一种不同于他可能业已做出的道德决定。同样，人们还可能以为，价值判断与事实陈述是在同等意义上指导行动的，前

者并不比后者的意义更强。还有的人可能会极力主张，正如火车即将开动这一陈述并不影响某个不想赶这趟火车的人的实际问题一样，也正如倘若一个正在考虑是否给他朋友钱的人并没有认识到他的朋友所说的是真是假与他考虑的问题相关，因而不会影响他的决定一样，如果一个人不想做他应当做的事情，他也就不会把告诉他应当做某事这一点作为一种做该事的理由加以接受。我尽
164 可能有力地表述了这种反对意见，它冲击着我全部论证的根基。简而言之，这种反对意见主张，“应当”-语句不是祈使句，若不附加一个祈使句前提，它们也不蕴涵祈使句。为了回答这种反对意见，我必须证明，“应当”-语句蕴涵祈使句，至少在它们的某些用法中是如此。

首先，有必要回顾一下我在前面(7.5)讨论价值判断的评价性力量与描述性力量时所谈过的一些观点。我们注意到，那些具有非常稳定之价值标准的人会逐渐越来越把价值判断作为纯描述性判断看待，从而使它们的评价性力量逐渐减弱。诚如我们业已描述过的那样，一俟价值判断“落入引号之中”，而那种标准又完全“僵化时”，这种过程便达到了极限。因此，我们可以说，“你应当去拜访某些人”这一语句根本没有价值判断的意思，而只是这样一种描述判断，即：为了与一般人或某一类未指明的但大家都知道的人所接受的标准保持一致，需要这样做。的确，倘若这就是人们使用“应当”-语句的方式，那么，这种语句确实不蕴涵祈使句，我们也就当然可以毫不矛盾地说：“你应当去拜访某些人，但别去拜访。”我并不想主张所有的“应当”-语句都蕴涵祈使句，而只是认为，当人们在评价性意义上使用它们时，它们就蕴涵祈使句。接下来，我们

将会清楚地看到，我是通过定义而使这一论证为真的，因为除非我们坚持认为祈使句是从“应当”-语句中推出的，否则我就不会说，人们**曾是**在评价性意义上使用“应当”-语句的。稍后，我将更详细地说明这一点。

因此，我们可以对上述反对意见作出的回答之一是：那些似乎是支持它的事例并不是真正的价值判断。在前面所引证的那个例子中，如果一个人没有做他应当做的事情的意向，倘若他因此并不把告诉他应当做什么这一语句看作是蕴涵着一个祈使句的语句的话，那么，这也仅仅表明，在他接受他应当做某事的范围内来说（当 165
然，除非他接受应当做某事这一语句，否则，就**没有任何**前提能够使我们从这一语句中引出一种结论来），他只是在一种非评价性意义上，即在一种加引号的意义上来接受它的，似乎它的意义只在于，某事属于这样一类行为，而人们普遍认为（除他之外），在一种评价性意义上，即在一种蕴涵祈使句的意义上，这类行为是义务性的。这一回答妥善解除了一些棘手的情况，但除非我们将这一答案的范围作必要的扩展，否则，人们还是不会把它作为一个完整的答案加以接受。因为有的人还会主张，有一些真正的价值判断也不蕴涵祈使句。

11.2. 让我们再重温一下我在前面（4.7）已经谈过的一些其它观点。如果人们充分持久而又确信无疑地接受了实践原则，那么，这些实践原则就会慢慢具有一种直觉力量。因此，我们的终极道德原则能够完全为我们所接受，以至于我们不是把它们作为全称祈使句来看待，而是作为事实来看待，它们也就具有了同样坚固的无可置疑性。而且，确实存在着这样一种事实，我们极容易把这种

事实指称为我们称之为我们的“义务感”的东西。现在，我们就要研究这一概念。

显而易见，如果从最早的生活岁月起，我们就一直在服从一种原则的情况下被教养长大，那么，那种不服从该原则的想法对我们来讲将是何等的令人厌恶。倘若我们不服从它，我们就会深感悔恨，而当我们服从它时，我们便觉得心情舒畅。这些感情又为心理学家们列举的所有那些因素所强化，①由此带来的总体结果便是产生了人们通常所说的义务感。**事实**是，我们都具有这种义务感——而且不同的人所具有的义务感的程度是不同的，内容也各异。关于我具有一种做 X 或 Y 的义务感的那些判断，也就是对经验事实的陈述。在此，我们无暇就它们的解释问题展开辩论，但争论一下像“A 正受悔恨的折磨”或“B 觉得做 Y 是他的义务”这样一些语句，是关于私人心理事件的报告呢，还是应当从行为主体的意
166 义上来解释它们，这无疑是可能的。但这些争论与我们在此所讨论的问题无关。在这里，重要的是指出特别被一些道德学家们所长期忽视了的那一事实，即：说某人具有一种义务感，并不等于说他有一种义务。说前者乃是作一种心理事实的陈述；而说后者则是作出一种价值判断。一个长期在军人家庭中长大但却已受和平主义影响的人很可能会说：“我强烈地感到我应为祖国而战，但我不知道是否真的应该这样做。”同样，一个在武士道精神的熏陶下长大的日本人会说：“为了得到对天皇有利的情报，我应当拷打这

① 参见 J. C. 弗卢格尔（J. C. Flugel）：《人、道德和社会》（*Man, Morals and Society*），特别是该书的第三章。

个囚犯，但我真的应当这样做吗?”

这种关于义务感的心理学陈述与关于义务本身的价值判断之间所存在的混淆状况，不只限于职业哲学家们。普通的人也极少过问他依其而被教养成人的那些原则，以至于每当他有一种应当做 X 的感情时，他通常只是基于他应当做 X 这一点而说他应当做 X。因此，他常通过“我应当做 X”这一说法来表达这种感情。但这一语句并不是对他拥有这种感情的陈述，而是作为拥有这种感情的结果而作出的一种价值判断。然而，对于那些既没有研究过价值判断的逻辑行为也没有对那些如和平主义者和日本人所提供的例子作出反省的人们来讲，就很容易把这种说法当作是一种事实陈述，以为它的意思是指他具有这种感情，也很容易在此意义上把它与这种陈述混淆起来。但是，除了不惜任何代价而仍然坚持一种道德感理论的职业哲学家之外，我们可以用以下方式使任何一个人明白，这两者的意思是不一样的，这一方式就是问他:“尽管你实际不应当做 X，但难道你就不可能感觉到这一点吗?”或者:“难道你就不会有这样的感觉? 难道你就感觉不到错了吗?”

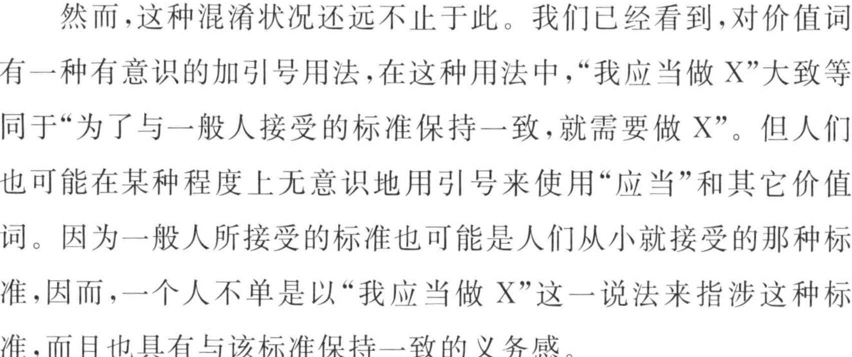

然而，这种混淆状况还远不止于此。我们已经看到，对价值词 167
有一种有意识的加引号用法，在这种用法中，“我应当做 X”大致等同于“为了与一般人接受的标准保持一致，就需要做 X”。但人们也可能在某种程度上无意识地用引号来使用“应当”和其它价值词。因为一般人所接受的标准也可能是人们从小就接受的那种标准，因而，一个人不单是以“我应当做 X”这一说法来指涉这种标准，而且也具有与该标准保持一致的义务感。

这样一来，便可以把“我应当做 X”视为三种判断的混合物。

(1)“为了与人们普遍接受的那种标准保持一致,就要做X”(社会学事实陈述);

(2)“我具有一种我应当做 X 的感情”(心理学事实陈述);

(3)“我应当做 X”(价值判断)。

即使是这种一分为三式的划分,也还是掩盖了这些语句的意义的复杂性,因为这三个要素中的每一个要素本身就是复杂的,人们可以在不同的意义上来理解它。但是,即令我们自己只限于刚才所给定的这三个要素之内,对于一个没有受过逻辑技巧训练的普通人来说,也不可能提出或回答这样一个问题:“在这三个判断中,你所作的是哪一个判断? 是第一个? 还是第二个或第三个? 或者三个都是? 抑或是其它组合?”这种境况与一位受到逻辑学家质疑的科学家的境况颇为相似。某位逻辑学家质问一位科学家:“你关于磷在摄氏 44 度便会熔化的陈述是分析的? 还是综合的? 假如你发现一种物质在别的方面都与磷相同,只是它熔化的温度与磷不同,那么你会怎么说呢,是说:‘它确实不是磷’,还是说:‘毕竟有一
168 些磷可以在其它温度下熔化’呢?”[①]这位科学家很可能像 A. G. N. 弗洛先生向我指出过的那样回答道:“我不知道。我还没有遇到会迫使我决定这种问题的情况,我还是对别的事情多操些心吧。”同样道理,普通人也是基于他已经接受的原则来作道德决定的,他很少有必要给他自己提出我刚才提出的那种问题。只要他

① 见 G. H. 冯·赖特(G. H. von Wright):《归纳的逻辑问题》(*Logical Problem of Induction*),第三章。

的价值判断与他接受的标准和他自己的感情相符，他就不必去决定他所说的是哪一种判断了。因为，正如我们可能做的那样，对于他来说，那三个判断在实质性意义上都是相等的，也就是说，决不会产生在他说其中一个语句时就不会同时说另外两个语句的情况。因此，他不会问他自己“当我在使用‘应当’这个词的时候，‘我应当做我感到应当去做的事’和‘我应当做大家都说我应当去做的事’，这些语句是分析的？还是综合的？”使他回答这样一种问题的恰恰是那些关键的情况，而在道德上，当我们正对是否要做出一种与已为人们接受的标准不一致，或与我们自己的道德感情不一致的价值决定这一问题困惑不定时，这种关键的情况便出现了——我已经列举过这样一些情况。也正是这些情况，真正显露出我所列举的那三个判断在意义上的差异。

那么，我对那种反对意见的答复是，通过考察，我们将总是发现，人们宣称那些不蕴涵祈使句的价值判断的情形是这样的：在这些情形中所意味的并不是上述的第三种类型，而是第一种类型或第二种类型，或者是第一、二种类型的混合。当然，这一论点也不可能得到证实，甚至不可能取信于人，除非我们知道什么时候可以把一种判断算作第三种类型。但是，我提议用一种唯一可能的方式来克服这一困难，这就是把它变成一个定义问题。我认为，检验某一个人是不是把“我应当做X”这一判断作为一种价值判断来使用的标准是，看“他是不是认识到：如果他认同这一判断，他就必须 169
同时认同‘让我做X’这一命令”。因此，我在这里并不是宣称要证明关于我们使用语言的方式的任何实质性问题，我只是提出一种术语，倘若将这种术语运用到道德语言的研究中去，它将是富有启

发性的，倘若如此，我也就感到满足了。我试图表明的实质部分是：在刚刚定义的“价值判断”的意义上，我们确实可以作出价值判断，而且它们是属于那类包含着价值词的语句，对于一个研究道德语言的逻辑学家来说，价值词正是他的主要兴趣所在。因为我们正在讨论的是道德语言的逻辑，而不是通常叫作道德心理学的那种纠缠不清的问题，所以，在此我不想更深地涉及这种令人迷惑的问题，这一问题就是亚里士多德曾经讨论过的“意志薄弱”问题，[①]也就是这样一些人表现出来的问题，这些人认为或自称认为他们应当做某事，但却不去做。我一直在作的逻辑区分对这一问题已有所说明，但仍需作更多的说明，而且主要是通过更为彻底地分析“认为他应当”这一短语来加以说明。因为，如果我们严格地解释我的定义，并从与我们在前面(2.2)已经谈到过的关于“真心同意一个命令”的标准问题之关联中来看待这一定义，就会产生人们所熟悉的那种“苏格拉底式悖论”。在这种悖论中，说每一个人总是会做他认为应当做(在评价性意义上)的事这一说法就是分析的了。[②] 而且，如果用现代语言来表述亚里士多德的反驳，则该问题就不是我们怎样使用“认为”这个词的问题了。之所以产生这样的麻烦，是因为在日常言语(speech)中，我们说“他认为他应当……”的标准是极有弹性的。如果一个人不做某事，但这种不做却伴有负罪感等等，我们通常会说他没有做他认为应当做的事情。因此限制一下上面给定的那种“真心同意一个命令”之标准，并承认存

① 《尼可马克伦理学》，VII，第I行以后。

② 严格地说，应该是“如果在身体上和心理学意义上能够的话，他总是会做……”。参见本书第20页(参见中译本边码。——译者)。

在各种程度不同的真心同意，而并非全部不同程度的同意都包含 170
实际服从命令的行动，这样做是很有必要的。但是，要详细地分析这一问题，需要远远多于我们在此所能给予的篇幅，须得留待下回分解。

11.3. 要证明“应当”一词的评价性意义在逻辑上的首要地位，最好的方式是向人们表明，除非实际存在这种[评价性]意义，否则，绝对不会产生这个词可能会产生的那种为人们所熟悉的麻烦。就我们在第 167 页(原书页码，见中译本边码。——译者)对“我应当做 X”所作的三种可能的释义来说，前两种是事实陈述。这是因为，如果我们将这两种释义扩充一下，就将发现在这两种释义中，“应当”这个词总是出现在引号中，或者是出现在一个以“that”开头的从句中。因此，我们可以进一步把第一个语句释义为“有一个为人们普遍接受的行为原则，该原则是：‘人们在某种情况下应当做 X’，而我现在正处在这种情况下”。同样，我们也可以进一步将第二个语句释义为：“‘我应当做 X’这一判断，在我心里唤起了一种坚信的感情”，或者是“我发现我自己无法怀疑‘我应当做 X’这一判断”(尽管后一种释义过于强烈了，因为并非所有的感情都是无法抑制的，各种模糊而不安的良心激动有时确实会无限升级，变为通常所谓的“道德直觉”)。当我们将第一个语句和第二个语句加以扩充时，它们所释义的那个原始判断就会加引号而出现在这些语句之中。这一事实表明，必定还有某种原始判断的意义是第一个语句和第二个语句所无法穷尽的。因为，如若不是这样，引号中的语句就要反过来靠第一个语句和第二个语句释义了，这样一来，我们就会陷入一种无穷倒退的窘境之中。就第一个语句而言，

我不知道任何能够克服这种困难的方式；而就第二个语句来讲，我们可以通过用诸如“我具有某种可以辨认出的感情”一类的释义来替代第二个语句，以暂时克服这种困难。但是，这种手法仅仅是暂时的。因为，倘若有人问我们这种感情是什么，或者我们怎样辨认它，那么，我们的回答就只能是：“它就是那种人们称之为‘义务感’
171 的感情，而当你说或意指‘我应当做某事’时，你就会拥有这种感情”。

这意味着，第一个语句和第二个语句都无法给出“我应当做X”的基本意义。现在，让我们假设（但不是事实）：第三个语句不会产生我们一直在讨论着的那种逻辑困惑，这就是说，让我们假设，我们可以在自然主义的意义上分析第三个语句。倘若如此，那么，这些困惑就不会产生在第一个语句的情况中，也不会产生在第二个语句的情况中。因为，除了引号中的表达式之外，第一个语句和第二个语句的扩充式中的所有其它部分也可以在自然主义的意义上加以分析了，这就可能引起一种对“应当”之全部用法的完全的自然主义分析，因而也可能引起一种对“好的”之全部用法的完全的自然主义分析（12.3）。而事实上这是不可能的，之所以不可能，完全是由于第三个语句难以消除的评价性特性所致。这最终应当归因于我们在前面（2.5）已经提及的从陈述句中推导出祈使句的不可能性，因为就定义而言，第三个语句至少蕴涵着一个祈使句；但倘若第三个语句在自然主义意义上是可分析的，这就意味着它等同于一系列的陈述语句，这样一来就会构成对那种既定原则的破坏。因此，在“应当”的一些用法中，它是被人们在评价性意义上来加以使用的（即是把它作为至少蕴涵着一个祈使句的词来加

以使用的)，正是这一事实，使得一种自然主义的分析成为不可能，因而也就产生了我们一直都在考察着的所有那些困难。一个忽视这些用法的逻辑学家虽然可以使他的工作轻松容易，但却是以未理解道德语言之本质目的为代价的。

首先，正是[对道德语言之本质目的的研究]这一点，使本书的第一部分和其余部分所讨论的问题相互关联。因为在本书第二和第三部分中所讨论的全部词，都以这样一点作为它们的独特功能：或赞许，或以某种别的方式引导选择或行动；也正是这种本质的特征拒斥了任何以纯事实性术语进行分析的做法。但是，要引导选择或行动，道德判断就必须是这样的：倘若一个人认同它，则他必须认同从该道德原则中推导出来的某种祈使句；换言之，如果一个 172
人不认同某种这样的祈使句，那么，这就是他没有在一种评价性意义上认同该道德判断的铁证——当然，他可以在某种其它意义上认同这种道德判断(比如说，在我们已经提及的那些意义中的一种意义上这样做)。就我把该词定义为评价性的来说，这一点是确实无疑的。但这样也就等于说，如果他表示认同这一道德判断，但却不认同这一祈使句，那么，他就必定是误解了这种道德判断(即把它作非评价性的判断来看待，尽管说话者的意向是把它视为评价性判断)。因此，显而易见，我们有权说道德判断蕴涵祈使句，因为说一种判断蕴涵另一种判断，只不过是说你不能认同前者而又不认同后者，除非你误解了前者或误解了后者；这种“不能”乃是一种逻辑的“不能”——若某人认同前者而不认同后者，那么，这本身就是说他误解了前者或后者之意义的一个充足标准。因之，说道德判断引导行动和说它们蕴涵祈使句，基本上是一码事。

我绝对不想否认人们有时候在我所说的那种非评价性意义上来使用道德判断。我想断定的只是，它们有时被用于评价性意义方面，而正是这种用法使它们具有了我一直在讨论的那些特征。而且，如果道德判断没有这种用法，那么也就不可能使它的其它用法获得意义。再者，如果道德判断不存在这些与评价性用法相联系的逻辑困难，人们就可以从自然主义的意义上来分析它的其它用法了。作为逻辑学的一个特殊分支，伦理学自身的存在就在于把道德判断的功能作为一种回答“我应做什么?”这类问题的指南。

11.4. 现在，我便能够回答某些读者可能会想到的一种反驳意见了。伦理学家们常常谴责别人犯了“自然主义”或某种与此相关
173 的错误，但恰恰是他们自己以一种隐秘的形式犯了这种错误。人们也许会说我已经犯了这种错误。我在前面(5.3)业已提出过，“自然主义”这一术语应该留给这样一些伦理学理论：它们站在类似于摩尔教授已经指明的那些伦理学理论的立场上，有待我们作出公开的反驳。因此，我们必须问一问，我们自己的理论是否可以构成类似的反驳。老实说，我不是在说我们可以从任何一种事实陈述中推演出道德判断。特别是，我并非向大家提议去采用那种价值术语的定义，摩尔曾经错误地将这种定义归诸康德。他指责康德，因为康德认为，“这应当是”意味着“这是被命令的”。[①] 这种定义可能是自然主义的，因为“A 是被命令的”是一种事实陈述，它可以扩充成“某人[没有说是谁]已经说过‘做 A’”。这里的祈使句是引号里面的(“做 A”)，而这一事实便使它不能影响整个语句的

① 《伦理学原理》，第 127—128 页。

语态。毋须赘述，我并不是在提出任何与“好的”，或“应当”，或任何其它价值词相等同的对等物，不过，当人们在我已经称之为“加引号”的这种意义上来使用它们时，或是用某种其它纯描述性方法使用它们时，也许是个例外。但尽管如此，人们仍可能会说，根据我对道德判断的处理，某些语句可能成为分析的，但在日常用法中，它们又不是分析的——这种看法与摩尔的反驳可能极为相似。例如，我们可以考察一下那些类似于圣歌的语句：

避恶行善。[1]

或者是考察一下约翰·威斯利(John Wesley)的赞美诗：[2]

在义务之途上继续前行。[3]

人们亦可能会宣称，根据我的理论来看，这些语句都可以成为分析的。因为，从“A是恶的”中，可以推演出“避免A”这一祈使句；而从“P途乃义务之途”中，可以推演出“在P途上继续前行”这一祈使句。

现在，人们必须注意到，我们所引用的上述语句都可以扩充成 174
这样一些语句，在这些语句中，价值判断可以出现在从句之中。因此，如果我们将“避恶”这一古文写成“勿行恶”，那么，就可以将这一语句扩充成“对于所有的X来说，如果X是恶的，那么就勿行

① 《圣歌》，xxxiv，第五节，第14行。

② 约翰·威斯利(John Wesley)，著名基督教徒，后成为美以美会基督教徒们所信从的圣徒。——译者

③ J.威斯利：《古代的与现代的赞美诗》(*Hymns Ancient and Modern*)，1950年，第310行。

X”。要运用这一指示，就需要我们把它与“A 是恶的”这一小前提联结起来，并从这两个前提中推出“勿行 A”的结论。这一推理要对人们有帮助，“A 是恶的”这一小前提就必须是一种事实陈述，还必须有一种能够毫不含糊地辨别其真假的标准。这意味着，在这一前提中，“恶”这个词必须具有一种描述性意义（不论它所具有的更深层的意义是什么）。但是，这种推理要有效，“恶”这个词在大前提中所具有的意义，就必须与它在小前提中具有的意义相同，因而也必须具有一种描述性意义。现在，正是这种描述性内容，使大前提不能成为分析的。那些已经坚定地确立了价值标准的人，通常都是使用我们现在正在讨论的这种语句，因而他们所使用的价值词就具有大量描述性意义成分。在“勿行恶”这一语句中，“恶”的评价性内容暂时被人们忽略了，说话者仿佛是一时脱口说出他对这种标准的支持，但这只是为了用祈使动词将它塞回到原来的位置上去罢了。在坚持我们的标准时，这种做法是最好的，这也正是它在各种赞美诗和圣歌中占据如此重要位置的原因。但是，只有那些确实无疑地了解这一标准是什么的人，才能这样使用它。

我们可以把其它表面上类似的那些情况与这些情况作一个对比。假定有人问我：“我应做什么？”我回答他说：“什么事情最好就做什么事情罢”，或者说：“做你应当做的事情。”在绝大多数语境中，这些回答都会被人们视为是毫无裨益的。这就好像有人问一位警察：“我该在什么地方停车？”而得到他的答复是：“哪里合法，
175 就在哪里停车好了。”这位询问者是要我提供有关他该做什么的明确建议，他之所以问我，是因为他不知道在他所处的情况下该用什么标准。因此，如果我回答他应遵守某种标准，而他对这种标准的

具体规定却茫然无知，那么，我就没有向他提供任何有用的建议。因此，在这样一种语境中，“什么事情最好就做什么事情罢”这一语句确乎是分析的，其原因是，这种标准不为人们所知，所以“最好的”也就没有任何描述性意义。

因此，我对价值词的解释不是自然主义的，它并没有导致那些在日常用法中并非分析的语句变成分析的。相反，我的这种解释是通过充分说明价值词意义中的描述性成分和评价性成分，来表明价值词在我们的日常用法中是如何发挥它们所起的那种作用的。不过，在这里出现了一种多少有些类似于魔鬼撒旦的著名悖论“汝之恶者，吾之善也”所表现出来的那种困难。这就需要作一种同类型分析，但由于篇幅关系，我只得让读者自己去澄清这一疑难了。

11.5. 在这一点上也可能有人会问：“你是不是把道德判断过多地同化于存在于绝大多数语言之中的日常全称祈使句了？”的确，对于所有关于道德判断的祈使句分析，一直就存在这样一种反对意见，认为这些分析会使像“你不应当（在这节车厢里）吸烟”这样一个道德判断等同于“请勿吸烟”这样的全称祈使句。显然它们并不相等，尽管根据我一直在倡导的理论来看，这两句话都蕴涵着“请勿吸烟”的意思。因此，有必要阐明是什么东西使“你不应当吸烟”与“请勿吸烟”区别开来的。我已经触及了这个问题，但还需要对此作更进一步的讨论。

关于“请勿吸烟”的第一点说明是，它并不是一个真正的全称祈使句，因为它隐隐约约地指涉到某一个体，实际上是“任何时候都不要在此车厢吸烟”一语的缩写。“你不应当在此车厢吸烟”这

176 一道德判断，也包含着对各个个体的指涉。因为在这一语句中出现了“你”和“此”两个代名词。但是，按照我在前面(10.3)所说的那种观点，问题还不止于此。“你不应当在此车厢吸烟”这一道德判断，必定是与人们心里的某种一般道德原则相联系而作出的，它的目的必定诉诸人们心里的那种一般原则，或者是针对一个应用它的实例。这种一般原则可能是“决不应当在有小孩的车厢里吸烟”，或者是“决不应在挂有‘请勿吸烟’告示的车厢里吸烟”。显然要得出这个原则究竟是什么总是不容易的，但提出它是什么这一问题总是有意义的。说话者无法否认存在着这样的原则。我们还可以用另一种说法来表达相同的意思，即：如果我们作出一种特殊的道德判断，人们总可以要求我们给出支持这一判断的理由，这些理由就是那些一般原则，而该道德判断可以归于这些一般原则之下。因此，“你不应当在此车厢吸烟”这一特殊的道德判断依赖于一种真正的全称判断，即令它本身不是一种全称判断。但是，“任何时候都不要在此车厢吸烟”这一祈使句就不是这样。这一祈使句并不诉诸一般性原则，它本身就具有它所需要的一般性，但这种一般性还不足以使它成为真正的全称祈使句。

我们可以用下列方式说明“任何时候都不要在此车厢吸烟”与“你不应当在此车厢吸烟”两者之间在普遍性上的差异。假设我对某人说：“你不应当在此车厢吸烟”，因为在这节车厢里有小孩。倘若这位听者对我为什么说他不应当吸烟的理由感到奇怪的话，他很可能会看一看周围并注意到那些孩子，因而就会理解我说这话的理由。但是，假定他弄清了有关这节车厢的一切情况后说：“好吧，我到隔壁一节车厢去吸，隔壁一节车厢也一样的好，事实上也

差不多与这节车厢一样，也有小孩。”如果他真的这样说，我会认为他并不理解“应当”一词的功能，因为“应当”总是指涉某种一般性 177
原则，如果隔壁那一节车厢确实与这节车厢差不多一样的话，那么，适用于这节车厢的每一种原则必定也适用于另一车厢(8.2)。因此，我可能会回答他：“请想想看，如果你不应当在这节车厢吸烟，而另一车厢也和这节车厢一样，有同样的乘客，车窗上也贴有同样的告示……那么很显然，你也不应当在那一节车厢吸烟。”另一方面，当铁路管理当局作出一种临时性决定，根据这一决定查看应该在哪些车厢里张贴“请勿吸烟”的告示时，没有人会说：“瞧！你们已经在这节车厢贴上了一张告示，所以，你们必须也在隔壁的那节车厢贴上一张，因为它和这节车厢非常相似。”为什么？这是因为“请勿吸烟”并不指涉一种仅把这节车厢作为一个实例的普遍性原则。

事实上，要用祈使语气来构造一个真正的全称语句几乎是不可能的。假设我们试图通过把“任何时候都不要在此车厢吸烟”这一语句一般化，来构造一种真正的全称语句。首先，通过把原句写成“任何时候、任何人都不要在此车厢吸烟”，来消除那个隐含的“你”。这样一来，我们就不得不消除“此”了。进而采取的一个步骤是，将已经改写的语句再改写成：“任何时候、任何人都不得在英国铁路上的任何一节车厢里吸烟。”但是，我们仍然保留了“英国铁路”这一专有名称。而只有通过排除所有专有名称，我们才能获得一个真正的全称语句，比如说，将原句写成：“任何时候、任何人都不得在任何地方的火车车厢里吸烟。”这是一个真正的全称语句，但它却是一个任何人在任何时候都没有机会说出来的语句。命令

总是对某一个人或某些人(而不是某类人)发出的。但人们并不明白刚才所引用的那个语句究竟是什么意思,除非它是一种**道德**的训谕或别的价值判断。假设,我们想象是上帝在发出这种命令,这样一来,它在形式上就立刻成了《摩西十诫》一类的东西。从历史的角度来说,“为你的父母争光”这一语句,也被认为并不是一般地
178 对每一个人所说的,而只是对一些已被选定的人说的,正如“不要以恶报恶”只是对基督教信徒说的,而不是对大多数世人所说的一样——尽管上帝有意想让所有的人都成为他的信徒。但假定事实并非如此,假定“不要以恶报恶”在字面意思上是对无阶层限制的“每一个人”说的,那么,难道我不应该说它在意义上已经等同于“一个人应当不要对人以恶报恶”这一价值判断吗?同样,我们用“一个人应当让睡着的狗躺着”这样一个(谨慎的)价值判断来释义像“让睡着的狗躺着”这种谚语式语句,[①]也不会使后者受到多大损伤。

另一方面,像“请勿吸烟”这样日常的所谓全称祈使句,是因为它们并不是真正的祈使句才与价值判断区分开来的。因此,我们能够在丝毫不放弃我关于价值判断与祈使句的关系的任何观点的情况下,区分这两种语句之间的不同。因为,完整的全称祈使句与不完整的全称祈使句都蕴涵着单称祈使句:“任何时候都不准在此车厢吸烟”,蕴涵着“(现在)不准在此车厢吸烟”;而“你不应当在此车厢吸烟”也同样蕴涵着“(现在)不准在此车厢吸烟”——倘若人们在评价性意义上使用前者的话。但是,后者也蕴涵着“谁都不应

① 此谚语的意思是“别自找麻烦”。——译者

当在任何酷似于这节车厢的车厢里吸烟”,而前者却不蕴涵这种语句。而且,后者还蕴涵着“不要在任何酷似于这节车厢的车厢里吸烟”。

然而,单单这些考察尚不足以充分说明“你不应当”与“永远不要”两者之间在“感觉”(feel)上的全部差异。不过,我们可以用另外两个因素来加强这种说明。第一个因素我们已经提及过了。道德判断的充分普遍性意味着我们无法“脱离它”,因此,我们对它的接受,比起我们对一种我们可以从其应用范围内逃逸出来的祈使句的接受来,乃是一件严肃得多的事情。这一点可以解释为什么人们对于像国家法律那样的祈使句——其应用非常普遍,因而人们也很难逃避它们——所具有的一种“感觉”,较之于他们对铁路管理当局的规则所具有的“感觉”,更接近于他们对道德判断的“感觉”。但是,另一更为重要的因素是,部分地由于道德判断的充分普遍性所致,它们在我们心里已经如此牢固地树立起来——我们已经描述过何以至此——以至于它们已经获得了一种准事实性,而且正如我们业已看到的那样,有时候,人们确实是在非评价性意义上把它们作为事实陈述而不是作为其它任何别的东西加以使用的。但对于像“请勿吸烟”这样的祈使句来说,却全然不是这样,这一点本身就足以解释这两种语句之间在“感觉”上的差异。然则,由于我并不想否认存在着对道德判断的非评价性用法,而只是坚持认为存在着对道德判断的评价性用法,所以,这种“感觉”上的差异绝不会推翻我的论点。声称“请勿吸烟”在所有方面都类似于“你不应当吸烟”,这确实是荒谬的。我一直在坚持的仅仅是,前者在一个方面类似于后者,即两者都蕴涵着像“(现在)不准吸烟”这

样一些单称祈使句。

十二、一种分析模式

180 12.1.如果我们现在进行如下试验，可能有助于我们澄清价值语言与祈使语气之间的关系。这种试验是：让我们想象一下我们的语言不包含任何价值词，然后，让我们探询一下，一种用这种祈使语气和日常逻辑词定义的新的人工术语，能够在多大程度上填补因没有任何价值词所留下的裂缝。换言之，我们是否能够仅仅使用祈使语气和那些用祈使语气定义的词，来担负那些本来靠日常语言中的“好的”“正当”和“应当”这样的价值词完成的全部或部分工作？为了尽可能清楚地表明我们的新人工语言与日常价值语言之间的相似性，我将在两方面都使用相同的词，但将人工语言用斜体字表示。[1] 我想使人们完全明白，我并非要对日常语言的价值词作一个明确的分析。的确，日常语言的价值词在其用法上是如此多变、如此精妙灵活，以至于任何人为的建构都必定是对它们的曲解。我也不是在犯“还原主义”之罪，这种还原主义由于过于流行，已经成为哲学异端的狩猎者们的一个时髦目标。这也就是说，我并不想用一种语言来分析另一种语言；相反，我力图通过了解在一种语言能够担负另一种语言的工作之前，需要做一些什么样的改造，经过这些改造之后它又能担负到什么程度，来展示出两种语言之间的异同。

---

① 在中文译文中，用着重号表示。——译者

我的程序如下：首先，我将表明如果我们能够做“应当”的工作，也就可以担负“正当”和“好的”工作，以此简化所讨论的问题。因为我将表明（当然是用这些方法可以提供的所有粗略而便利的 181
方式）：混有“应当”一词的那些语句可以替代包含其它两个词的语句。然后，我将着手处理“应当”这个词。为了达到这一目的，我将研究一下，为了使日常祈使语气成为达到我们目的的一种合适的工具，必须对日常祈使语气做些什么样的改造才行。我将表明，要如何改造祈使语气，才能使我们在祈使语气中构造出真正的全称语句。再后，我将用这种经过改造的祈使语气来定义一种人工的“应当”概念[①]，而这一概念将作为我最简单和最基本的人工价值词。倘若这就是我要对出现在日常语言中的“应当”“正当”和“好的”等词进行的分析，这样的程序确乎未免鲁莽粗陋了，但是，我使用的斜体字（中译文中用加着重号的方式表示。——译者）可以反复地提醒读者注意：这并非我所要做的事情。在前面的章节里我已经发表完了我有机会就日常语言中这些词的逻辑行为想要发表的所有观点，我现在的目的却完全不同了，它更多的是一种试验性探索。

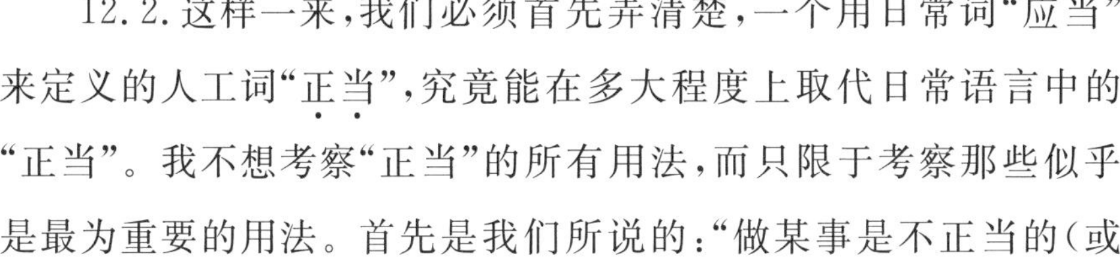

12.2. 这样一来，我们必须首先弄清楚，一个用日常词“应当”来定义的人工词“正当”，究竟能在多大程度上取代日常语言中的“正当”。我不想考察“正当”的所有用法，而只限于考察那些似乎是最为重要的用法。首先是我们所说的：“做某事是不正当的（或

① 为明确起见，本章译文中凡人工概念均直接加上“人工的”形容词，并加着重号，以示限定和区别。——译者

者是在一种特殊情况下可能是或过去是不正当的)”这一用法。这种用法既有道德判断,又有非道德判断。因此,我们可以说:“在琼斯刚死不久而他的妻子在场的时候,就开他的玩笑,这本是不正当的”;也可以说:“史密斯刚才已经玩了好一阵子保龄球,现在又安排他先击球,这本是不正当的”。这种用法总是以否定形式出现,然则,还有一种与之相平行的肯定用法。如:“变换话题(即不开琼斯的玩笑。——译者)是完全正当的”;或者“让史密斯先休息一会儿是正当的”。再者,还有一种用法,在该用法中,“正当”的前面总是有一个定冠词,所以,“正当的”就不是一个谓词,而是与一个名词连在一起,在这里,也存在道德的与非道德的两种实例:我们可
182 以说:“正当的做法本来是变换话题”;或者“鲁宾逊是这一工作的正当(合适)人选”。

现在,正像我们准备假定的那样,倘若我们的语言并不包含“正当”这个词,而包含“应当”这个词的话,我们就可以通过用“应当”来定义一个人工词“**正当**”,使原由“正当”一词所做的工作转给由人工的“**正当**”一词来做。这样,对这几种不同用法,我们就不得不作几种不同的规定。而假如我是一个非常精细的人,我就不得不用不同的下标——如“**正当**$_1$”“**正当**$_2$”等等——来区别这些用法了。然而,在这种概述中,这种做法几乎没有什么必要。我提出的这些规定如下:“做 A 事是**不正当的**”的意思等同于“一个人不应当做 A”。而“X 君做 A 事可能是**不正当的**”也和“X 君不应当做 A 事”的意思相同。“X 君做 A 事可能原本就**不是正当的**”与“倘若 X 君做了 A 事,他就可能做了他不应当做的事”的意思也是一样的。这些例子足以说明我们应该如何处理“正当”的第一种用法。

我们可以对其第二种用法作类似处理。“X 君做 A 事原本是**正当的**”与“X 君做 A 事，就是做了他应当做的事”的意思是一样的。注意：“正当”还有一种不同的用法并没有包括在我们前面所考察的那些用法之中，在此用法中，它几乎有“对的”(all right)的意思。但“X 君做 A 是对的”一语不能用我们刚才提出的方式加以转换，我们不得不说“X 君做 A 事原本是**对的**”与“X 君做 A 事时并没有做他不应当做的事”的意思相同。

第三种用法需要作稍微不同的处理。“**正当的** A 事”的意思也就是“人们应当选择(或本应当选择)的 A 事”。因此，“他是(或者可能就是)这种工作的正当(合适)人选”与“他就是那位应当(或本应当)被选来做这种工作的人”的意思相同；而“要做的**正当的**事可能就是变换话题”与“他本应当变换话题”的意思相同。注意：在这里有一个复杂的问题是我将要忽略不论的，因为它与伦理学毫无关系。这个问题是：“他本应当去做 A 事”这一语句通常意味着 183
他没有做 A 事。如果要对这一问题作一种完全的形式分析，可能需要补加一个额外的从句来处理这种特殊性，但在此我们无须管它。

有时候，要道出“被选择”(chosen)这个词的完整意思，还需要通过给出比较的类别来加以补充。因此，为了用我们的人工术语来表示“他并没有访问那所正当(正确)的房子”，我们就必须说“他并没有访问那所正当(正确)的房子”的意思与“他并没有访问他本应当选择去访问的那所房子”的意思一样，但与(比如说)“他并没有访问那所他应当选择去用炸药炸掉的房子”的意思却不相同。所以，我们可以蛮有把握地预言：倘若我们不得不用我们的人工词

“**正当**”进行替换的话，我们就会发现，可以毫不困难地从该语境中使一位说话者的意思得以表达，正如我们用自然词“正当”所能做的一样。

我将详细地考察人工的“**正当**”一词可以在什么样的程度上充分替代自然的“正当”这个词。我的印象是，我们在这一方面可以取得相当大的进展。然而，如果以为任何一个人工词都可以随时准确地担负起且仅仅是担负起应由一个自然词所担负的全部工作，那就荒唐可笑了。要知道，我们的日常语言太微妙、灵活和复杂，以至于难以用这种即兴的方式加以模仿。

12.3.现在，让我们遵循同样的程序来处理“好的”一词。由于下述原因，使我们的人工词“**好的**”的定义要比人工词“**正当**”的定义复杂得多。这些原因是：正如不止一位伦理学家已经注意到的那样，定义“比……更好”这一比较级比定义其原级容易得多。在这一点上，“好的”和“热的”一词相同。我们能够提供非常简单而适当的标准来决定物体 X 是否比物体 Y 更热一些。但是，如果有人要求我们提供精确的标准说一物体是不是热的，我们就完全不能如法炮制了。我们所能做的只是解释“比……更热”的意义，然后说，
184 如果某一物体较其同类的另一物体之平常温度高，我们就说该物体是热的。这一解释的后半部分是很不严格的，逻辑学家们还是不管它的好，因为“热的”乃是一个不严格的词。由于同样原因，“好的”也是一个不严格的词——重要的是要注意，正如它与“热的”一词的平行关系所表明的那样，这种不严格性与“好的”是一个价值词这一事实毫无关系。的确，“好的”一词还有一些其它特征，这些特征源于它作为一个价值词的特性并为它赢得了“不严

格的”名声——例如，它的描述意义可以依照正在应用的标准而改变。然而，这与我们现在讨论的问题毫无关系，因为后一种意义上的“比……更好”也和“好的”一词同样不严格（如果“不严格”是一个恰当的词的话），但是，我现在所谈到的这种不严格性，只是与原级相关，而不涉及比较级。

那么，就让我们用“应当”来定义人工概念“比……更好”吧。我们可以提出下列定义：“A 是一个比 B 更好的 X”与“如果一个人正在选择 X，那么，若他选择 B，则他应当选择 A”的意思相同。由于该定义很复杂，所以，人们最初可能会抓不住它的要点。首先，我们必须记住：只有当前项为真，而后项（结果）为假时，一条件句才会为假。关于定义“若”（如果）的真值函数的可能性，不论我们采取什么样的观点，都可以这样说。比如，我们现在假设：有一位学生要我就关于亚里士多德《伦理学》的好几种讲座之各自优点给他提提建议，我可能会说：“A 君关于《伦理学》的讲座比 B 君的更好（依你的目的来看）。”这样一来，我们不得不问：在什么样的条件下，我才能说我的学生没有采纳我的建议呢？假设：我假定他总是做他认为应当做的事情，那么，如果他去听 A 君的讲座而不去听 B 君的讲座，他就是在遵循我的建议。即使他 A、B 两者的讲座都听，我也不能指责他无视我的建议，因为他可能仍然认为 A 君的讲座比 B 君的更好。反过来，如果他 A、B 两者的课都不听，情况也是一样。只有在一种情况下，我才能责备他没有采纳我的建议，这就是，如果他去听 B 君的讲座而不去听 A 君的讲座，那就可以 185
责备他，因为这表明，当他在两种关于《伦理学》的课程之间进行选择时，他选择了去听 B 君的课，在此情况下，他认为，他不应当再去

听A君的课。而根据我的定义,如果他认为A君的课比B君的讲得更好的话,他就会认为他也应当去听A君的课。

现在,我认为人们将会一致同意,经过这样定义了的“比……更好”的人工词,完全足以担负那种在日常语言中由自然词“比……更好”来做的工作了。但就道德用法而言,却还存在一种复杂之处,它已经吸引了许多伦理学作者的注意,而且也是道德用法中的“正当”与“好的”之间为人们所极力强调的区别的基本点之一。[①]说某一种行为是正当的,并不是说它是一种好的行为,这是一个普通的常识,因为好的行为必须是出自好的动机来做的行为,而正当的行为却只须与某一原则相符合,不论它出自什么样的动机。因此,即便我在付给裁缝工钱时,希望他把这些钱都花在酗酒上,我付给他钱仍然是正当的行为,尽管因为我的动机不好,这种行为不是好的行为。我们也可以说,说一个人所做的某事不是正当的(即不是他应当去做的),也不一定因此就指责或责备他,因为,尽管他做了不正当的事情,他也可能是出于最好的动机来做的,或者是,他可能没有抵制住一种诱惑,但我们却不能因为他没有抵制住这种诱惑而责备他。按照我对人工词“比……更好”所下的定义,因此也按照我对“好的”所下的定义,我们有可能把这种区别弄得比我们迄今所了解的更清楚得多。在此,我们不得不对这种定义稍加修改,因为按照这种定义,“A在此情况下是一种比B更好的行为”可能只是这样一种意思:“若一个人正在选择在类似情况下做

① 见大卫·罗斯爵士(Sir David Ross):《正当与善》(*The Right and the Good*),第4页以后。

什么，那么，如果他选择B，则他应当选择A”。因此，倘若我们直接运用这一定义，它就不一定包含人们做该行为的动机。所以，我们必须间接地着手，改变一下亚里士多德的说法，说好行为是好人可能会做的那种行为。[①] 这样一来，按照我们的定义，我们就可以 186
把一个好人定义为：他是一个比普通人更好的人，而说A君是一个比B君更好的人，也即是说，如果一个人正在选择要成为什么样的人，那么，若他选择成为B君所是的那种人，则他应当选择成为A君所是的那种人，而且根据前提来看，由于A君与B君不是同样类型的人，所以，归结起来就应该说，如果我们选择是像A君还是像B君的话，那么，我们应当选择成为像A君那样的人。

我们可以将这个多少有些复杂化的“好行为”定义较为简略地解释如下：当我们正在谈论一种好行为时，我们也就是把它作为人之好的表示来谈论的；而当我们谈论人之好时，我们试图去引导的那些选择，主要并不是那些正好与这个人行动时所处境况（比如说，从裁缝那里收到账单的境况）完全相同的人的选择，而是那些正在问他们自己“我应当努力成为什么样的人呢?”的人的选择。我们在一种道德教育和品格形成的语境中谈论好人和好行为，但却是在一种不同的语境中谈论正当行为的，在这种语境中，我们谈论特殊情况中的各种义务，不论行为者的动机或品格是好是坏，他都可以履行这些义务。如果这确确实实就是我们如何使用“好行为”定义的实际情形的话，那么，“好的”这一人工词就像我已经处理过它的那样，能够很好地表现出“好的”这一自然词的那种特征。

① 《尼可马克伦理学》，1143^{b}，第23行。

到此为止，我的全部分析一直都非常粗略而实际，但即令如此，也是极为复杂和很难懂的。倘若我将这种分析弄得更精确些，那就更难懂了，而我却不知道用什么样的方式才能使这种分析更简易一些。所以，我唯一能够期待的是，我已能让读者充分认识到了：如果我们把“好的”“正当的”从我们的语言中去除掉，我们可以如何通过使用“应当”这个词来填补因除去“好的”“正当的”二词之187 后所留下的空缺。我认为，尽管新的人工词与老的[自然的]词比较起来，最初可能会显得笨拙，但当我们要说我们现在用“好的”和“正当的”这些自然词所说的那些事情时，我们还是能够用这些新的人工词将就过去的。

12.4. 到目前为止，我们在我们的定义中一直还在使用“应当”这一自然词。现在，我们必须来探究一下，倘若我们以后不使用这个自然词的话，我们能否用人工概念“应当”将就过去。这个人工概念是用扩充了的祈使语气来定义的。这正是我们分析的一部分，它很可能会引起最严重的怀疑。所以，我们必须首先表明，为了能够在祈使语气中构造出全称语句，我们必须对祈使语气做些什么样的分析，然后再用这些真正的全称祈使句来定义人工词“应当”，以便使它能够履行自然词“应当”所具有的各种功能。

为什么我们不能用祈使语气来构造真正的全称语句呢？其理由有二：第一，除少数明显不合规则者外，这种语气多限于将来时，而真正的全称语句必须适用于所有时间，包括过去、现在和将来（例如，如果“所有的骡子都是不孕的”为一真正的全称语句，它就必须能适用于世界史上所有时期中的所有骡子，我们就必须能从这一语句连同“乔是一匹骡子”这一语句中，推导出“乔是不孕的”

这一语句)。第二,祈使语气主要出现在第二人称中;当然,也有一些第一人称的复数祈使句和一些第三人称的单称祈使句与复数祈使句,而且还有一种“让我……”的形式,这一形式是第一人称的单称祈使句。但在英语中,这些人称有着不同于第二人称的形式,因之也可能有一种多少不同的逻辑特性。更为严重的是存在着这样一种困难,即:无法构造一种以“一个人”打头或以非人称的“你”打头的祈使语句。在祈使语气中,也没有任何可以与“现如今谁也看不到很多漂亮的马车了”这样的陈述语句,或“一个人不应当说谎”这样的价值判断相类比的东西。显而易见,倘若我们可以构造一些真正的全称祈使句,它们必定是这样的:通过辅之以合适的小前 188
提,我们便可以根据它们推导出所有人称的祈使语句,也能推导出所有时态的祈使语句。因此,根据我们的目的,为了能够构造出所有人称和所有时态的祈使语句,我们必须丰富祈使语气。

由于会产生一些可能在我们的语言中毫无用处的语句(诸如过去时的祈使句),这种打算丰富语气的想法可能会引起人们的怀疑。为什么我们从来不命令某些事情在过去发生,其道理是显而易见的。因此,我们可以说,一个过去式的祈使句毫无意义。我无意否认这一点——因为,如果某一表达方式没有任何可能的用途,那么,在此意义上,它**就是**毫无意义的。但尽管如此,人们仍将看到,这些语句在我的分析中确实具有一种功能,因此,我必须要求读者容忍它们的存在。也许,这与数学中虚数的用法有某种相似之处。也正是在这一点上最为清晰地显露了日常语言的祈使句与价值判断之间的本质差异。然则,由于我的分析是想暴露这些区别,而不是想掩盖它们,所以,这一点并不构成我分析中的缺陷。

12.5.为了在时态和人称方面丰富祈使语气，我将利用一种从我在前面(2.1)讨论祈使句的构成时推导出来的办法。在那一节的讨论中，我们已经看到，与一个陈述句一样，一个祈使句也由两种因素所构成，我曾将这两种因素称之为指陈和首肯。指陈是那种对陈述语气和祈使语气都共通的语句的一部分，因此，我们用这样一种方式就可以分析出“你将去关门”与“关上门”这两个语句都有相同的指陈。这样，我们就可以把它们分别写成：

“是的，你将在最近的将来去关门。”

和

“请你在最近的将来把门关上！”

189 首肯则是语句中决定语气的那部分。它是通过刚才所引用的那两个语句中“是的”(陈述式)与“请”(祈使式)来表示的。这样，一个语句的时态表示就包含在指陈中。但由于存在着各种时态的陈述语句，也就必须得有各种时态的指陈才行。因此，我们有可能取出一个陈述句的指陈，然后在其上面加上祈使式首肯，这样一来，我们就有了一种过去式的祈使句。因之，我们可以写出这样的语句：

“请你昨晚把门关上！”

我们还可以有无时态的祈使句，不过要用时间范围来取代时态。因之，我们又可以写出这样的语句：

“请你在三月四日下午十一时把门关上！”

因此，假如我们可以克服对过去时祈使句最初的厌恶，构造这些过去时祈使句也就没有什么逻辑困难了。对于其它的时态也是如此。

用类似的办法使我们可以构造出任何人称的祈使句。我们必须做的一切，就是取出这种人称的陈述句中的指陈部分，然后在它后面加上祈使式首肯。或者，我们可以舍弃所有的人称代名词，或者代之以专有名称，或者代之以明确的或不明确的描述。最后，正像我们所要做的那样，我们可以将一个真正的全称陈述句中的指陈部分取出，在它后面加上祈使式首肯，获得一个真正的全称祈使句。因此，我们可以“所有的骡子都是不孕的”这一陈述句为例，并将其写成：

“是的，所有的骡子都是不孕的。”

而真正的全称祈使语句则可写成：

“请所有的骡子都是不孕的！”

这一语句在意义上不同于日常语言的祈使句“让所有的骡子都是不孕的”，因为后者只能指涉将来的骡子，而前者则是针对过去、现 190
在和将来所有骡子的一项命令(fiat)。因此，如果公元前 23 年有一头骡子生育了后代，这并不会违背在公元 1952 年所说的“让所有的骡子都是不孕的”这一命令，但它会违背在随便某一时间里发出的一种真正的全称命令。就我们的目的来说，这一点很重要，因为，各种行为都可以违背尚未说出来的“应当”-原则，这正是“应当有”这一表达方式的关键所在。

现在，如果我用这种丰富了的祈使语气构造合适的真正全称语句，我们将会看到，它们在意义上就很接近于价值判断。我们业已考察过日常语言祈使句:“不要以恶报恶”,并已经看到,如果把它当作一个真正的全称语句的话,那么它的意思大致上等同于“一个人不应当对任何人以恶报恶”。但它出现在《福音全书》中时,我们就不能这样看待它,因为它是对明确的一群人讲的,即是对基督徒们讲的,而不适用于任何一个不是基督徒的人。一般说来,对于祈使句而言,也是如此,正如我们已经看到的那样,它们有一定的应用限制。而且,“不要以恶报恶”这一语句的应用无疑是指将来。在这一语句被说出来的那一时刻,如果某人刚刚报复了敌人,他就不算违背这一命令。但是,用我们改造过的祈使语气,我们可以构造一种具有充分普遍性的原则,以至于无论何时、无论何人的任何行为,都有可能是对它的违背。而这一点正是与道德原则或其它“应当”-原则相类似的地方。

因此,让我们撇开指陈和首肯这样一些冗繁的术语,采用“应当”这一人工词罢。我们可以将这个词定义如下:如果我们取一个真正的全称陈述句“所有 P 都是 Q”,并将它分成指陈和首肯两部
191 分,即“是的,所有 P 都是 Q”;然后,再用祈使式首肯替代陈述式首肯,即“请所有 P 都是 Q”。于是,我们便可以不写后一个语句,而反过来写成:“所有 P 应当都是 Q”。

到此为止,这个定义还仅仅是给予了人工的“应当”一词在可能被用于构造能履行一般“应当”-原则之功能的语句或我们在第十章第三节中提到的那种 B 型语句时所具有的意义。这即是说,它提供了诸如下列语句的替代句:“如果汽车的发动机不能靠自动启动器立即发动起来,就应当使用发动摇把来发动它”,或者“一个人应当永远说真话”。这些语句只有经过重新改造,才能属于这样

一种全称格式：“若想靠自动启动器立即发动汽车的一切尝试都失败了，就应使用发动摇把”；或“人们所说的一切，都应当是真话”。如果人工词“**应当**”是自然词“应当”的一种合适的替代词，人们就可以根据我的定义提供这种类型的语句。另一方面，C 型和 D 型语句都是单称“应当”-语句——将来时的和过去时的，迄今为止都还不适合上述要求。对于它们的分析，乃是一件极为复杂的事情，但我们可以提出下列替换方式，即：让我们把“你应当对他讲真话”改写成“如果你不对他讲真话，你就将违背我特此赞成的一般‘**应当**’-原则”。同样，让我们把“你原本应当对他讲真话”改写成“由于你对他不讲真话，你已经违背了我特此赞成的一般‘**应当**’-原则”。如果更形式化一些，我们还可以写成“至少存在一种 P 值和一种 Q 值，以使：(1)所有 P 应当都是 Q；(2)你不对他讲真话可能是(或已经是)一种 P 非 Q 的情况”。在此还有：如果人工词“**应当**”是自然词“应当”的一种合适的替代词，我的定义就可以包括 C 型和 D 型语句。

在作这种比较时，首先要注意，正如我们已经对人工词“**应当**”所定义的那样，该词具有一种自然词“应当”也具有的重要特征，而这种特征又使它们两者与简单祈使句区别开来。之所以有这种特征是由于以下事实：人工词“**应当**”和自然词“应当”出现于其中的 192
那些语句总是(或至少总是依赖于)真正的全称语句。有时候，人们坚持认为，“应当”-语句的逻辑在某种意义上具有三重语值(也就是说，排中律不适用它们)。即使我否认 X 君应当做 A 事，也不能必然推出我在逻辑上就必定肯定 X 君不应当做 A 事的结论。如我们所说，情况可能是：X 君是否做 A 事都无关紧要，因此，肯

定他应当做 A 事或他不应当做 A 事，也许是不可能的。现在，所有的全称语句都具有这种性质，而这种性质早在人们想到三重语值之逻辑以前，就已被人们在传统的亚里士多德式的逻辑中认识到了。“所有 P 都是 Q”和“所有 P 都不是 Q”（或“没有任何 P 是 Q”）并不矛盾，而是相对立的。因此，如果我们否认所有 P 都是 Q，我们并不因此而强迫我们自己肯定没有任何 P 是 Q，因为有些 P 可能是 Q，而有些 P 则不是 Q。在此，我们没有必要去讨论，谈论一种三重语值逻辑是不是描述全称语句的这种特征的最佳方式，但是，在这一方面，“应当”-语句与全称语句之间的这种相似性却支持了我的定义。

12.6.现在，我们必须要探询一下，人工词“应当”是不是自然词“应当”的一个完全的替代词——我们能否通过它的帮助，来担负我们在日常语言中用后一个词来做的全部工作。在此，我们可以将这些工作分为两类：第一类是真正的评价性工作或规定性工作；第二类是描述性工作。在这些工作中，我们将会发现，前一类完全可以由人工词“应当”来承担，而后一类工作则并非没有进一步规定的必要，因之也没有那么顺手。我们已在前面看到，“应当”的评价性用法是那些蕴涵了单称祈使句的用法。显而易见，我所定义的人工词“应当”也履行这种功能。这意味着，人们可以用它来承担自然词“应当”的所有功能，包括道德的或其它任何类型的
193 教导或建议的功能。因此，如果我们在教某个人驾驶汽车时使用人工的“应当”-语句，他就会得到清楚而有效的指导，仿佛我们使用的是日常语言的“应当”-语句。当我们用这种手段对他施教之后，他将知道在我们的指导所涉及的各种情况下应做什么。在道

德教导中也是如此，不管这种教导是由父辈们提供给他们子女的那种，还是由像佛陀或基督这样伟大的道德改革家们所提供的那种。前一类导师和后一类导师实际上常常都是使用祈使句，而不是"应当"-语句，这一事实证实了我所说的那些观点。我们已经考察过"勿以恶报恶"，而父辈们常常说类似于"如果你非要打架不可，就去跟和你个头一样的人打吧，不要跟你的小妹妹打架"的话，这类话的意图显然是道德性的。

另一方面，我所定义的人工的"应当"一词则不可能如此圆满地履行日常语言中"应当"一词所具有的那些描述性功能。让我们再考察一下前一章里的那个例子。假设我说："在他应当已经到达表演现场的那一时刻，他正趴在他的汽车底下，离该地还有五里之遥呢。"正如我们已经看到的那样，这本来并不是告诉人们某一个人应当在什么时候到达表演现场的一种方式，而是告诉人们被提到的那个人在某一时间正在做什么的一种方式，任何一位知道应当在什么时候到达表演现场的人，会立刻明白这里指的是什么时间。而他们之所以知道这一点，是因为每个人都认为应当(评价性的)在表演开始前一点儿来到表演现场。因此，由于大家都一致同意某一特殊评价，所以便产生了"应当"的一种次要用法，人们可以用这种用法来提供信息。但现在，按照我们迄今为止所下的定义，人工的"应当"一词却不适合于这种次要用法。确实，在像这里的情况下，把包含着人工的"应当"一词的祈使句当作一种假言祈使句来对待，并不是不自然的。我们在第三章第二节中所作的那些考察，可能会有助于我们走出迷宫，因为假言祈使句在某种意义上是描述性的，已经提供了大前提，或者人们已经理解了大前提。但 194

这并不包括所有的情况。尽管如此,如果我们使用在前面(7.5)提到的那种“加引号”的技术,也就得到了一种解决疑难问题的方法。我们可以把那一句子改写成:“在大多数人(包括我本人在内)都一致认为‘他应当已经到达表演现场’的那一时刻,他却……”。从表面上看,这一语句是一个陈述语句,因为蕴涵着祈使句的人工的“应当”,被置于引号之内,但并没有使用而只是提及了这个祈使句。

注意到“大多数人(包括我本人在内)都认为”这一表达方式与我们在前面一个充分评价性的实例中使用的“我特此赞成的”(12.4)这一表达方式之间的差异,是很有意思的。倘若我说:“我特此赞成如此这般的原则”,这几乎就等于我实际上在宣布这个原则。“特此赞成”这一词语仿佛是消去了引号,同样,像“我特此保证我将服从、服侍、爱……”这一语句在婚礼上可能具有与“我将服从、服侍、爱……”相同的力量。因此,在“如果你不对他讲真话,你就将违背我特此赞成的一种‘应当’-原则”(在这句话中,我已经用人工词“应当”替换了前面的那个自然词“应当”)这一语句中,有一种活生生的祈使成分。但是,在“大多数人(包括我本人在内)都一致认为‘他应当已经到达表演现场的那一时刻’,他却……”这一语句中,这种祈使成分虽未消失,却也是行将消失。

祈使成分之所以尚未消失,是因为“我特此赞成”与“我可能会同意”之间的差异,只是一种程度上的差异而已。因此,我说我可能会同意关于他应当已经到达的看法,也就是以一种方式说他应当已经到达。把我的这种议论看作是在意向上基本属于提供信息的,还是基本属于评价性的?这是一个非常微妙的侧重于哪一点

的问题。因之，通过这种进一步的规定，我们就成功地给予了人工词“应当”以一些评价性用法与描述性用法之间的灵活性，这些灵活性也是自然词“应当”在日常语言中所具有的。可以说，如果我 195 们真的突然被剥夺了对日常价值词的使用，我们也就可以及时地通过使用我的这些替代价值词，慢慢地学会熟练巧妙地使用它们，就像我们使用原来的价值词一样。我制作的这种工具可能让使用者有一种粗陋的感觉，但用起来会越来越顺手。

对于我们把人工的“应当”一词作为自然的“应当”一词的替代品这一做法，人们可能还会提出另一种反对意见。他们可能会说，人工的“应当”-语句可能多少缺乏日常语言中“应当”-语句所带有的那种“权威性”。当我使用人工的“应当”一词时，我可能只是在告诉人们去做某种行动。在日常语言中，当我说人们应当做某种行动时，就不只是我在告诉他们，而且我也在诉诸一种原则，而在某种意义上，这种原则是业已存在的，正如道德哲学家们不断指出的那样，它是客观的。在此，我不能详尽地重申我已经多次谈过的观点，这就是：道德判断不能只是事实的陈述，倘若如此，它们就不可能履行它们实际应做的那些工作，也就不会具有它们实际应有的那些逻辑特征。换言之，道德哲学家不能脚踏两只船。他们要么必须认识到道德判断中不可还原的描述性成分，否则他们就必须承认，他们所解释的那种道德判断不能以人们日常所理解的道德判断明显具有的那种方式去引导行为。在这里，只须指出这样一点就足够了：我所谓的那种描述性力量乃是道德判断通过人们对它们所基于的各种原则的普遍接受获得的，这足以说明我们为何会有这样一种感觉，即：我们在诉诸一种道德原则时，就是在诉

诸某种业已存在的东西。如果我们的父辈们和祖辈们世世代代都一致赞成这种原则，并且，大家都不能毫无内疚感——这种内疚感乃是通过多年的教育才培养起来的——地违背它的话，那么，在这种意义上说，这种描述性力量确实业已存在了。倘若大家都因完
196 全确信而一致认为人们不应当做某一行为，那么，当我说人们不应当做这种行为时，我的确是带着一种并非我自己的权威性而说这句话的。而且，我认识到我是带着权威性说话的——即认识到我只需赞成一种业已确立的原则——在一种意义上，乃是对事实的认识。但尽管如此，我们仍须小心翼翼地区分这种判断中的两种因素。该原则已牢固地确立（即大家都会一致同意该原则）和我假如违背它就会产生内疚感，都是事实。但是，当我**赞成**这一原则时，我并不是在陈述一个事实，而是做出一种道德决定。即令我是心不在焉地做出这种决定——也就是说，即令我只是接受它而没有想到我依其而被教养成人的那些标准——但无论怎样，在一种重要的意义上，我也是在使我自己对这种判断负责。这意味着，如果它完全是一种评价性判断，我就不能只是把它当作被给定的判断来看待。诚如康德所见，真正的道德判断必须基于“意志所具有的独断独行的那种属性之上（即独立于属于意志对象的每一种属性之外）”。①

最后，我想要求读者重温一下我在本书第一部分末尾所说的话。在那里，我提出通过哪一种推理，并从什么样的前提中，我们才能获得对“我应做什么？”这一问题的答案。提出这一问题之后，

① 《道德形而上学基础》，H. J. 帕顿英译本，第 108 页。

我对该推理必须依赖的道德原则是如何建立起来的问题作了说明，而在我说“应当”-语句可以表达这些原则之后，我最后说：“要在道德上成熟起来……就是要学会使用‘应当’-语句，并认识到‘应当’-语句只有通过诉诸一种标准或一组原则才能得到检验，而我们正是通过我们自己的决定而接受并创造我们自己的这些标准和这些原则的。”因此，我们现在已经达到了这样的境界：在这里，我们可以清楚地看到，本书第二部分和第三部分对价值词的逻辑的讨论，是如何与本书第一部分关于祈使语气的讨论相联系着的。如果说，我刚刚简略勾勒的对人工词“**应当**”的分析，与日常语言中“应当”一词的用法有任何密切关系的话，那就是表明了道德判断 197
是如何给人们按此方式而非彼方式行动以各种理由的。我想，表明这一点乃是伦理学探究的主要目的之一。

索　　引

（索引中所注数码为原书页码，亦即本书边码）

《道德语言》新版补记

黑尔先生的《道德语言》是我的第一部译著，其译事大约初成于1986年春季，其时我正在北大读研，秋季留校后即交付商务印书馆，巧合于所谓“春播秋收”。但它却不是我出版的第一部译著。我出版的第一部译著是弗罗姆的《自为的人》，由北京国际文化出版公司于1988年出版。出现这一时间“错位”的唯一缘由是，因为它的出版者是国内学界公认出版翻译著作最具权威性的商务印书馆。

坦率地说，从我决定将这部书的译稿交给商务印书馆的第一天起，我便决定静静地“等待戈多”并尽力“忘却它”(just forget it!)。因为在我交稿的20世纪80年代中期，无论是学术专著还是学术译著，能够免费出版已属大幸，更何况是尚未出得茅庐的年轻小子的第一部翻译习作？而且还能够为商务印书馆这样的权威出版社接受出版，我又怎么能够预期它的出版时间呢？后来，有位商务朋友告诉我，我的这部译著虽说熬了13年才得以出版，但已然是较快的了。他绘声绘色地说，有位著名学者曾经在交给商务的译稿上题写了一句献词：“谨以本书中译本献给我的恋人某某某!”结果，该书中译本正式出版时，他的儿子已经在美国拿到博士学位了。听到这个故事，诧异之余，我深感安慰。其实，商务的出版承

诺也是当时的我做梦都没有想到的幸运。请别误会！我说这些不是为了别的，仅仅是为了我心底无法忘却的那份感恩和纪念：我尊敬的王太庆先生是引导我翻译《道德语言》并将之推荐给商务印书馆出版的学术恩师，也是一直鼓励和帮助我从事学术翻译的恩师。而本书的原作者黑尔先生则是我学术人生路上“偶遇”的学术恩人。

最初读到《道德语言》的英文原版大约是在1985年底，其时，我已完成硕士论文的写作，呈交导师周辅成先生审阅修改。趁此间歇，我从国家图书馆借来几本英文伦理学原著，开始为我计划撰写的《现代西方伦理学史》做准备，其中之一便是这本《道德语言》。一天上午，我恰巧在燕园路边遇见王太庆先生，因为选修过先生的“英文原著选读”课程，也拜访过先生多次，便跟先生行礼问候。不期先生问我：“你的学位论文写得怎么样？”我答曰：“写好了，已经交给导师等待修改呢。”“那你可以玩些日子了。”先生笑着说。那时候，北大的学生似乎都不敢跟老师说“玩”的，我有意识地赶忙回应先生：“没有玩呢，先生！在读书，读英文原著。”先生听着收起了笑容，有些严肃地对我说：“学西方哲学和伦理学，不仅要读原著，还应该学着搞些翻译，不要总仰仗别人的翻译成果。”当先生看到我拿着的这本较薄的英文小书时，拿过去翻了一会儿，又说：“这书会有些意思吧？专门讲道德语言，部头也小，何不试试翻译之？”

事实上，正是王先生的嘱咐触动了我一试译手的冲动，待到论文定稿完毕，趁着答辩毕业前还有好几个月的“闲暇”，我便开始动手翻译，差不多整整一个夏季的夜以继日，终于完成了这部小部头著作的翻译，自校抄好后，我壮着胆子把书稿连同原著复印件一起

送到王先生家，请求先生帮我看看。让我有些意外的是，先生非但没有拒绝，反倒是几周之后便要我去他家里取稿子。记得我是晚饭后到先生家的。如约入门落座，先生一面起身从书案上拿起我译的稿子，一面微笑着对我说："你可以搞哲学翻译了。这本书译得还不错，我做了几处修改，写了封简函，你把改稿抄好后随同我的简函一起送到商务印书馆去，他们会考虑出版的。"先生的话让我喜出望外，可窃喜间还是没有一丁点儿的自信，于是又怯怯地问了一句："先生，像我这样还没有发过一篇译文的年轻小子，第一步就去叩商务印书馆的大门，能行么？""怎么不行？当年我们跟贺麟先生一起弄西方哲学名著翻译的时候不也就30来岁么？书译得可信、尚达就可以出版了。你不试试怎么知道自己行不行呢？"先生有意提高了声调对我如是说。

于是，我的翻译处女秀就这样投向了商务印书馆。非常幸运，第一次跨入商务印书馆的大门，就见到我中山大学哲学系的学兄、时任商务印书馆哲学编辑室的编辑徐奕春先生，真是幸运的巧合！感谢奕春学兄的热情接待和帮助！我们谈了一些有关本书翻译的问题和母校母系的往事。不久，接到奕春学兄的电话，告知我译稿的质量不错，除了几处术语的斟酌商谈之外，基本通过了学术审查，接下来要做的是取得原作者的授权认可。

话行到此，我当特别感谢《道德语言》的作者、英国牛津大学哲学系的著名教授理查德·麦尔文·黑尔先生！我们素不相识，第一次给他写信还是找我北大研究生时的室友、王宪均先生名下的研究生、正在英国留学的潘耿同学查到的他的通讯地址。未曾想到，黑尔先生很快给我了回复，但他提出了一个认可的前提。他在来信中告诉我，已有台湾的一位学者翻译了《道德语言》中的一章，并在台湾的一家学术杂志上公开发表了，不过，他还没有授权该译者翻译全书。因此他决定根据我们两人的中文翻译水准来最后决定授权。黑尔教授要求我给他提供至少两章的中文翻译稿供他鉴别。我当然乐意遵命而行。事实上，黑尔教授自己并不懂中文，他将台湾译者已发表的中文译稿和我的两章中文译稿同时寄给了美国佛罗里达州立大学哲学系的一位通晓中文的教授，据说是他的博士弟子，再次走运的是，我竟然最后获得了黑尔教授的认可。

顺便借机再说几句，因《道德语言》一书的翻译结缘之后，黑尔教授给我的学术帮助是最多的，但却是让我最感歉疚的！我们有缘学术，却无缘见面，这让我颇感天意不周。大约是1990年春夏之交，黑尔教授来北京旅游，专门到北大找我，可惜我出差在外，未能见面。因为那时候的通讯联络实在落后，我们便阴差阳错地错过了第一次见面的良机。1993年圣诞节，黑尔教授专程飞美国波士顿看望他的表姐，也知道我那时正在哈佛访学，并从哈佛燕京学社问到了我的住址。那一年波士顿的冬天特别冷，圣诞节那几天雪下得特别大，想不到他竟然冒着大雪严寒找到我住的克林顿街(Clinton Street)18号，可那几天我偏偏接受了哈佛教堂主持牧师的邀请，到他的“森林之家”——一所建在森林深处的奇妙的玻璃房——过圣诞节，等我回来看到他从门缝塞进来的纸条，才知道我们又一次失之交臂！说到哈佛，我还想特别感激黑尔教授！到哈佛哲学系之后，我才从普特南(Hillary Putnan)教授那里了解到，正是黑尔教授的推荐信最终决定了我在哈佛燕京学社的激烈竞争中得以侥幸入选。普特南先生告诉我，我的申报材料是他评审的，

他之所以最后给了我的“研究计划”“A⁺”的评级，是因为两个理由：一个是“学术的”(academic)：因为我的“研究计划”是关于道德语言的情感意蕴研究，而且限定于黑尔教授的《道德语言》一书，他觉得这样的选题计划很有意思，也比较适合年度研究(可惜我后来改为跟罗尔斯教授研习政治哲学，将之搁浅了)；另一个理由是“非学术的”(non-academic)，但更为重要：因为他在牛津学习时听过黑尔教授的“道德语言”课程，他当然完全信任黑尔教授的推荐信。他问我：“你是怎么认识黑尔教授的？又是如何请到黑尔亲自为你写推荐信的？”我给他如实讲了《道德语言》中文翻译的前后故事之后，他笑笑说：“这已经足够了。”显然，这称得上是我人生中一次真正的“道德幸运”。我感谢普特南教授！更感谢黑尔教授的鼎力支持！可让我最遗憾的是，我最终也没有能够幸会黑尔教授，或许，这也是老天爷故意给我留下的遗憾罢，如今想来，我真的宁可失去其他的幸运也不愿意失去同黑尔教授见面的机会！许多年后，我在好几次学术会议上见到黑尔教授的儿子小黑尔先生，还常常谈起这件事。趁此机会，我想把这段难忘的学术友谊记录下来，变为一种文字记忆，抑或，这也算得上是一段别有意味的“道德语言”吧?!

言归正传，回到《道德语言》书中。这的确是一部小书，不单篇幅小，主题也小，若论其学术意义或价值则未必小矣。全书只有三个部分 12 节，分别讨论“祈使语气”和两个最核心的道德语词“善”“应当”，主干之外，几乎没有什么枝节末叶，可正因为如此，才印证了时下的一句广告语：“简约而不简单!”关于该书的内容和作者的基本伦理学观点，我已在“中译本序言”中有所阐述，在此不复赘言。可我还想补充几句，乐于呈方家读者明鉴。按理说，我们这个

曾经被称之为“东方道德文明古国”的国度,应该是最谙熟也最能谈论道德语言的,可事实却未必如此。在中国人的话语体系中,道德语言确乎是“主流”性的话语,包括人们日常话语中对道德语词(诸如:是非好坏之类)、语用语义甚至语气语调的使用,几乎随处可闻,比比皆是,有时候因为人们太习惯于使用道德语言了,以至于常常被抱怨是随意搞“道德绑架”。这里面当然是有某些原因可寻的。比如说,“日常话语”与“日常道德语言”往往容易混用;更有甚者,一些人习惯于——有意或无意地——把“道德语言”擢升为“政治语言”,造成习惯性的“道德政治化”;诸如此类,不一而足。这或许与我们的文化传统有关,又或许与近代以来我们的政治文化经验尤其是激情浪漫主义的政治表达习惯有关。

某些西方汉学家认为,中国的文化是一种“听”的文化,中国人的言谈交流往往表现为“某某说,我们听”。譬如,“领导说,我们听”“长辈说,晚辈听”“老师说,学生听”等等。这类“听-说”样式显然不是一种平等的对话交流方式,相反,或多或少暗含了某种“上下等级”之话语结构。在这一话语结构中,话语表达的信息意义是次要的,情感或意愿才是主要的,用黑尔先生的话说,话语的价值意义掩盖了话语的描述性意义。这当然也可以被看作是道德语言的基本特点之一,但问题是,这样的道德语言本身存在“关系-结构”的话语问题:“说者”与“听者”并不处在同一层面,而且“说者”有“意”且“意”在指令,“听者”无“心”,而唯有“用心”者方能体现话语者的主体自觉,纯粹的“听”绝非主体性话语行为。我不确定这样的说法是否有道理,但总是有一种隐隐约约的直觉性疑问:这种“听-说”样式中内含的不平等结构,是否是造成中国人习惯于“听

（别人的）话”而不善于“自我表达”的文化语用学原因或原因之一种？这又让我联想到古希腊文化。在古希腊文化中，哲学占据着突出而显赫的位置，甚至可以说，哲学是古希腊文明的两大发明之一（古希腊的另一项伟大发明是“Olympia Games”），而在古希腊哲学体系中，逻辑学和修辞学又是两个最早成型且成熟的分支。逻辑关乎语言表达和作文论道的文（纹）理或表达力，修辞同样关乎语言表达能否“激动人心”的力量，都与语言或话语相关。在这一点上，我们的文化传统似乎天生有所不足，虽然也出现过墨子等名辩家和《墨辩》等逻辑学元典，但远不如在古希腊那样占据主流、影响深远，始终未能“入主流”“进核心”。

倘若我的上述主观直觉值得考虑，那么，好好地琢磨研究一下道德语言就很有必要，很有意义，而这部《道德语言》的出版和再版就是有价值的。感谢商务印书馆！30 多年前，商务印书馆不计译者学浅笔嫩，冒险出版我的这部翻译处女作，今年正好是该书中译本首版整整 20 周年（亦是巧合：商务出版的中译本第一版时间恰好是 1999 年 5 月，距今 20 年），值此时刻，又决定将之纳入“汉译世界学术名著丛书”系列予以再版，这对于年过花甲的我的确是一件值得庆幸的事。最后，我想特别感谢商务印书馆总经理于殿利先生对本书再版的热诚关切和支持！感谢责任编辑于娜小姐，她的编辑工作让我确信，她不仅是一位称职的“责任编辑”，更是一位热爱和理解学术并努力护卫着学术尊严的商务学人！

万俊人　谨记

于 2019 年 5 月 25 日，北京北郊悠斋

图书在版编目(CIP)数据

道德语言/(英)理查德·麦尔文·黑尔著;万俊人译.—北京:商务印书馆,2024
(汉译世界学术名著丛书:120年纪念版:珍藏本:增订本)
ISBN 978-7-100-23700-0

Ⅰ.①道… Ⅱ.①理…②万… Ⅲ.①元伦理学—西方国家 Ⅳ.①B82-066

中国国家版本馆CIP数据核字(2024)第076647号

汉译世界学术名著丛书
(120年纪念版·珍藏本·增订本)
道德语言
〔英〕理查德·麦尔文·黑尔 著
万俊人 译

商 务 印 书 馆 出 版
(北京王府井大街36号 邮政编码100710)
商 务 印 书 馆 发 行
北京通州皇家印刷厂印刷
ISBN 978-7-100-23700-0

2024年5月第1版 开本 710×1000 1/16
2024年5月北京第1次印刷 印张 15¼
定价:86.00元